한 권으로 만나는
고구려 답사 길잡이

한 권으로 만나는 고구려 답사 길잡이

초판 1쇄 인쇄 | 2011년 6월 15일
초판 3쇄 발행 | 2014년 8월 15일

글 | 윤명철
사 진 | 석하사진문화연구소

발 행 인 | 김남석
편집이사 | 김정옥
디자이너 | 임세희
전　　무 | 정만성
영업부장 | 이현석

발 행 처 | (주)대원사
주　　소 | 135-231 서울시 강남구 양재대로 55길 37 대도빌딩 3층 (일원동 642-11)
전　　화 | (02)757-6711, 757-6717 ~6719
팩　　스 | (02)775-8043
등록번호 | 제3-191호
홈페이지 | http://www.daewonsa.co.kr

값 10,000원
ⓒ 2011, 윤명철
Daewonsa Publishing Co., Ltd.
Printed in Korea 2011

ISBN 978-89-369-0806-5 03980
＊본문 사진 중 106, 107쪽 사진은 김석규 고조선유적답사회장이 8, 12, 14, 15, 16, 23, 54, 55, 57, 61,
66, 90, 93, 95, 102, 103, 108, 109, 110쪽 사진은 대원사 김남석대표가 제공하였습니다.
우리역사 광역 지도는 동아지도에서 제작하였습니다.

한 권으로 만나는
고구려 답사 길잡이

대원사

차 례

02 고구려 두 번째 도읍지 집안(集安)

제1장

고구려 바로알기

고구려는 우리에게 무엇인가?

과거를 잃어버린 인간이 기억을 더듬어 존재의 원근거를 찾는 것은 본능적인 것이 아닐까?

또 한 민족이 상처받은 자존심을 치유하고 잃어버린 민족 자아를 확인하려는 것은 당연한 일이 아닐까?

더구나 강제로 잃어버리고 잊어버렸던 사실을 찾고 객관성을 복원하는 일은 아름다운 일이 아닐까? 최소한 남의 눈을 빌어서 자신을 해석하는 일보다야 더 과학적이고 진실에 접근하지 않을까?

고구려는 분명하지는 않지만 확실히 강하고 의미 있는 메시지를 전달하고 있다. 그러나 중국과 신라가 주도하여 만든 신질서에 의해 부정당한 질서인 탓에 그 실체를 제대로 알 수가 없었다. 유물과 유적은 철저히 파괴되고, 기록은 대부분이 없어졌을 뿐만 아니라, 그나마 남은 것도 심하게 왜곡되었다. 더구나 영토의 상당한 부분이 민족사에서 떨어져 나간 지 오래된 망각된 역사였다. 또한 현대에는 분단 체제라는 슬프고 미묘한 상황 때문에 연구가 활발할 수 없었다.

고구려는 알려 주고 있다. 우리가 누구인지, 우리 역사가 어떤 과정으로 진행되었는지. 그리고 그것은 바로 그 동안 숨겨지고 왜곡되었던 역사의 진실이다.

먼저 영토 문제를 보자. 우리는 무의식적으로 '한반도'라는 단어를 사용하고 있다. 하지만 민족의 영토가 반도로 고착된 것은 9C에 발해가 멸망한 때부터이다. 그 이전에 고구려는 요동지방을 포함한 남만주 일대의 대륙과 북만주의 초원, 동만주와 연해주 일대의 삼림 지대, 그리고 반도의 상당한 부분을 차지하고 있었다. 뿐만 아니라 해양 활동이 매우 활발했기 때문에 황해는 물론이고 동해의 많은 부분까지도 해양 영역으로 삼았다. 때문에 동아지중해 가운데의 핵을 차지하고 있었다.

고구려인들은 우리가 생각한 것처럼 농경문화만을 발전시켰던 것은 아니다. 길림 이북 지역의 초원에서는 농사와 함께 유목을 하는 농목문화인이었고, 또한 삼림 지대에서 어렵과 사냥을 하기도 하였으며, 바다에서 어업과 교역을 하는 해양문화도 발달하였다. 그러므로 고구려의 문화와 세계관 등을 농사꾼의 시각으로 평가해서는 안 된다.

고구려를 바라볼 때 우리는 몇 가지 관점을 새롭게 할 필요가 있다. 고구려는 대륙과 초원 반도와 해양을 포함하는 지중해적 성격의 대국가이므로 반도적인 시각으로 평가해서는 안 된다. 또한 농경문화와 농경민들의 시각으로 고구려 문화와 사람을 평가해서는 안 된다. 그들은 농사를 지었으며, 동시에 유목과 수렵과 사냥을 했다. 그러니 나라를 다스리는 통치 방식, 영토 개념, 세계관은 백제와 신라와는 다를 수밖에 없다. 또한 보병의 기준으로 기마군단의 전략 전술 등 전쟁력을 평가해서도 안 된다. 그리고 아주 의미 있는 사실이지만, 고구려는 순수한 고구려인뿐만 아니라 주변의 많은 종족들을 백성으로 삼고, 그들의 다양한 문화도 수용한 다종족적 국가, 다문화국가였다. 이른바 제국 지향적인 세계국가였다. 역사의 현장을 답사하면서 이러한 생각을 염두에 두면서 역사를 해석한다면 우리는 고구려의 실체를 좀 더 많이 알고 고구려가 후손들에게 전달하는 메시지도 이해할 수 있다.

21C를 맞이하면서 우리는 각각 다른 방향으로 뛰어가는 세 마리 토끼를 동시에 쫓아야만 한다. 글로벌 시대에 맞춰 세계화를 지향하고, 동시에 민족의 보존과 발전을 위해서 정체성(identity)을 확립해야 한다. 또한 민족생존과 우리만의 자유로운 삶을 위해서는 세계 및 동아시아의 질서가 재편되는 과정에서 능동적인 역할을 해야 한다. 이 어려운 역사의 전환기에 고구려의 역사 활동과 자유의지(free will)는 나약해진 우리에게 튼튼한 기(氣)를 채워 주고 효율적인 대응 방법론을 제시하는 모델이 된다. 역사학이 미래학이라면 고구려는 바로 우리의 현재이고 미래이다.

고구려 건국의 기원

고구려는 언제 국가로서 성립되었을까?

그 종족은 누구였을까?

오늘날 우리 민족과 얼마나 밀접한 관련이 있을까?

고구려 이전엔 그 땅에 어떤 사람이 살았고, 나라가 있었다면 어떤 성격의 국가가 있었을까?

광개토 태왕릉비, 《삼국사기》, 《동국이상국집》의 '동명왕편', 《위서》, 《북사》 같은 중국의 사서들에는 건국신화 또는 건국과 관련된 기록들이 있다. 약간씩 차이가 있지만 여러 기록들을 종합하면 대략 다음과 같은 내용이다.

즉, 추모(주몽)는 동부여에서 대소(帶素) 등 토착 세력들의 압박을 받아 오이(烏伊), 마리(摩離), 협부(狹父) 등 추종 집단을 거느리고 남천하여 홀본부여에 고구려를 세웠다.

그런데 가장 정확한 기술은 역시 오래됐고, 고구려인들이 스스로 기록한 광개토 태왕릉 비문이다. 비는 본문에 해당하는 첫머리에 "惟昔始祖鄒牟王之創基地"와 "出自北夫餘天帝之子母河伯女郎…"라는 구절을 새겼다. 자신들은 북부여라는 나라에서 탄생했음을 주장하면서, 그것을 계승하였다는 일종의 선언서이다. 물론 국내성의 동쪽 들판에 있는 모두루총은 광개토 태왕 시대에 생존했던 염모라는 인물을 매장한 묘인데, 그 안에서 발견된 지석(牟頭婁墓誌)에도 "…河伯之孫 日月之子鄒牟聖王 元出北夫餘(   )"라 하였다.

주몽은 하백의 외손자이며, 해신과 달신의 자식인데 성스러운 임금이면서 근원이 북부여라고 주장하는 내용이다. 해신은 천제인 해모수이고, 달신은 유화 부인을 일컫는 말이다. '시대 사람들이 이러한 생각들을 보통 갖고 있었구나.' 하는 사실을 확인할 수 있다. 더구나 모두루는 북부여의 수사라는 직위에 있었던 사람이니 사실로서 확실된 것이다.

북부여라는 나라는 실제로 있었고, 고구려에게 멸망당한 후에 '두막루'라는 나라를 건설하여 오늘날 북만주 일대에서 오랫동안 있었다.

시 기

《삼국사기》에는 고구려가 기원전 37년에 건국하였다고 기록하고 있다. 하지만 다 그렇게 주장하는 것은 아니다. 과거에는 단재 선생을 비롯한 민족사학자들과 북한학자들을 중심으로 그것과는 조금 다른 설들이 제기되었다. 《상서》나 《일주서》 등을 보면 이미 주나라가 상(은)나라들을 평정하였을 때인 기원전 12C에 '구려'란 나라가 있었으며, 그 나라는 주와 교섭을 하였다. 그 '구려국(句驪國)'이 기원전 5C경에 존재했다는 주장도 있다.

그런가 하면 기원전 277년에 건국했다고 보기도 한다. 《삼국사기》보다 조금 늦게 쓰여진《삼국유사》에는 고구려가 900여 년 만에 망했다고 기록했다.《삼국사기》에는 통일을 성취한 문무 왕조에 고구려는 800년 만에 멸망했다고 기록되어 있다. 또한 실재했는지 확인할 수 없고, 정식으로 인정을 받지 못한 비기(秘記)라는 한계가 있지만 역시 당서에 인용된 '고려비기'에도 고구려가 900년이 되었음을 시사하는 대목이 있다. 또《한서》지리지의 '요동군조'에나《후한서》의 군국지 '현도군조'에는 고구려현이 분명 있었고, 기원전 75년에는 현도군을 공략했다고 기록했다. 이러한 여러 가지 기록으로 본다면 얼마나 직접 연관이 맺어졌는지는 모르지만, 주몽이 건국하기 이전에도 고구려와 관련된 정치 세력이나 혹은 지역이 실재했음을 알 수 있다.

국 호

국호는 나라를 대표하는 상징이며 기호이다. 우리는 국호를 보통 고구려로 알고 있다. 하지만 나라를 세운 초기부터 멸망할 때까지 줄곧 고구려라는 국명을 사용한 것은 아니다. 처음에는 홀본부여라는 이름을 그대로 사

고구려의 다물 정신이 새겨진 정(井) 자와 호태왕이란 명문이 새겨진 경주 호우총 출토 청동그릇.

고구려의 한강 유역 남쪽 영토의 범위를 알 수 있는 유일한 중원 고구려비. '구려태왕'이란 글자가 있다.

용했을 가능성이 크다. 하지만 곧 고구려라는 국호를 사용하여 전기에는 주로 이 명칭을 사용했다. 물론 그 외에도 여러 이름이 있었다.

고구려는 '성'을 뜻하는 '구루' 같은 고유의 말에서 나왔고, 그 앞에 '높다'는 의미 '高' 자를 붙여 고구려가 되었다는 주장도 있다. 왕망은 전한을 무너뜨리고 극히 짧은 동안 '新'이라는 나라를 세웠는데, 그는 고구려의 자주적인 태도가 못마땅해서 한때는 '높을 고(高)' 자를 '아래 하(下)'로 바꾸어 '하구려(下句麗)'라고 낮춰 불렀다. 그렇다면 그 시대에는 고구려를 '높은 구려'라는 뜻으로 사용했음을 유추할 수 있다. 하지만 장수왕 시대부터는 국명으로 '높고 아름답다'는 의미 또는 '한가운데'라는 의미인 고려를 사용했음이 분명하다. 충청북도의 중원군(지금은 충주시 교외)에서 1972년도에 발견된 소위 '중원 고구려비'에도 '고려태왕(高麗太(大.太일 가능성이 높음.)王)'이라는 글자가 새겨져 있다.

발해의 두 번째 임금인 무왕은 727년 일본국에 첫 사신을 보냈다. 국서에다 자신들을 "고려의 옛 땅을 차지했고, 부여의 습속을 간직하고 있다."라고 선언하였다. 일본국이 발해로 파견하는 사신들을 '견고려사(遣高麗使)'라고 부른 사실이 일본 측의 사료들, 그리고 그 무렵에 사용된 목간들의 글씨로서 밝혀졌다. 그런데 일본열도에 있었던 왜국은 고구려를 '고마'라고 불렀다. 백제는 '구다라', 신라는 '시라기'라고 불렀다.

주 몽

주몽(朱蒙, 鄒牟)은 고구려를 세운 건국자이다. 북부여라는 나라의 천제인 해모수의 아들(광개토 태왕릉비)이었으며, 한편으로는 '동명성왕(삼국유사)'이라는 다소 신비하고 종교적인 분위기의 명칭으로도 불리워졌다. 《삼국유사》에는 주몽이 단군의 아들이라고 하였다. 그런데 그의 아버지인 해모수는 광개토 태왕릉 비문에 '천제(天帝)' 혹은 '황천(皇天)'으로 표현되어 있고, 또 다른 기록에는 '일(日)' '천왕랑'으로 기록되어

13

광개토 태왕 동상. 경기도 구리시
'광개토 대왕 공원'에 세워져 있다.

있다.

　부여의 왕들은 물론이고 고구려의 왕들은 2대인 유리왕부터 5대인 모본왕 때까지만 해도 성이 해씨였다. 또 《삼국유사》에는 '왕력편'에서 성을 해씨라고 기록하였다. "'高'를 성씨(氏)로 삼았지만 원래는 '解'였는데 천제의 아들로 빛을 받고 태어났다 하여 스스로 '高'로 하였다."라는 주를 달았다. 물론 '解'는 한자로는 아무런 의미도 없고, 다만 발음 그대로 우리말 태양을 뜻하는 '해'의 한자식 표현이다.

　광개토 태왕릉비에는 1775자 이상이 새겨져 있다. 이 비의 첫 줄에는 "惟昔始祖鄒牟王之創基也. 出自北夫餘, 天帝之子, 母河伯女郎." 라고 하여 천제의 아들이라는 신분을 밝혔다. 또 다음 줄에는 주몽이 위기에 처했을 때 천지신명에게 도움을 청한 내용이 있다. "나는 황천의 아들이요, 어머니는 하백의 따님이시다(我是 皇天之子 母 河伯女郎)." 이 내용을 보면 주몽은 해신의 정(精)과 물신 또는 토지의 기(氣)가 골고루 섞였고, 하늘과 땅의 특별하고 고귀한 기운과 인간의 모습까지도 두루두루 물려받은 의미 깊은 존재이다.

　주몽은 한자로 추모(鄒牟), 상해(象解), 도모(都慕), 동명성왕(東明聖王), 동명성제 등 여러 이름으로 기록되어 있다. 고구려 말로 활을 잘 쏘는 재능을 지닌 사람[善射者]이라는 뜻이다. 그는 활을 잘 쏘는 사냥꾼이며, 말을 잘 다루고 기마에 능한 목동이었다.

　그는 고구려를 안정되게 만든 후에 죽음을 맞이하였다. 《삼국사기》

에는 주몽의 최후 순간을 이렇게 기록하고 있다. "재위 19년 9월에 왕이 돌아가니 나이 40세이다. 용산에 장사하고 동명성왕이라 휘호하였다(秋九月 王升遐 是年四十 葬龍山 號東明聖王)." 그런데 광개토 태왕릉 비문에는 그의 죽음을 묘사하고 있다. "하늘은 황룡을 아래로 보내 왕을 맞이하였다. 왕께서는 홀본 동쪽 언덕에서 용 머리를 딛고 하늘로 오르셨다(天遣黃龍來下迎王. 王於忽本東岡, 履龍首昇天)."

고구려 사람들

고구려 사람들은 어떤 성격을 지니고 있었을까?

백제나 신라가 그 시대에 고구려를 적대국으로 여긴 상태에서 평한 말은 사실이나 진실과는 거리가 있으며, 별로 크게 의미를 둘 필요는 없다. 그 후에도 많은 이들이 고구려에 대하여 평가를 했다.

그럼 중국인들, 고구려와 동시대에 살았던 그들은 고구려인들을 어떻게 평가하고 있었을까? 《삼국지》 '고구려전'에는 "교만하고 방자해졌다(後稍驕恣)."라고 하였다. 또 "걸어다니는 것이 다 달리는 것 같다(行步皆走)."라고도 묘사하였다. 《후한서》에는 "사람들은 성질이 흉악하

고구려 병사 모습.
(전쟁기념관)

만포시 쌍영총 '말
탄 무사' 벽화. 역
동적이면서도 여유
가 느껴지는 이 벽
화는 고구려 말장
식과 복식을 연구
하는 귀중한 자료
이다. 1914년에 수
습된 것으로 알려
져 있으며, 우리나
라 국립중앙박물관
에서 소장하고 있
다.

고 급하며 기력이 있다. 싸움을 익히고 약탈을 좋아한다(其人性凶急有氣
力 習戰鬪好寇?)."라고 혹평을 하였다. 비교적 고구려 후대의 상황을 묘
사한《주서》에도 고구려 사람은 "거짓말을 잘하고 말투가 천하다."라고
묘사하였다.《수서》에는 "손을 흔들고 걸어간다."라는 표현이 있다.

중국인들이 이렇게 부정적으로 표현한 말투를 뒤집어 생각하면 오히
려 고구려인들의 성격을 엿볼 수 있다. 그들은 사실 매우 역동적이고 강
건했다. 이유야 여러 가지가 있을 수 있다. 그들이 겪었던 모진 상황과
이를 극복하는 과정과 성공담을 살펴보면 거칠게 보일 수도 있었다. 하
지만 그렇지 않다.

100여 개 고분에 남겨 놓은 벽화는 고구려인들의 자화상이다. 그림에
묘사된 임금, 왕비, 신하들, 승려들, 청년들, 무사들, 예술가들, 그리고
그들의 진지한 바램을 표상하는 숱한 존재물들은 다른 메시지를 전하고
있다. 얼굴들의 다양한 표정이나 행동거지에서는 단아한 성품이 느껴지
며, 강골이면서도 결코 거칠지 않은 태도를 지녔음을 알아차릴 수 있다.
때로는 아름다움과 화려함에 물든 듯한 모습도 보이지만, 결코 유약하거
나 사치스럽지 않은 모습들이다. 보통 백성들은 물론이고 심지어는 근
육이 울퉁불퉁하고 얼굴도 험상궂은 듯한 인상의 무사들조차도 긴장감

이 없이 여유 있는 표정에 웃음기마저 머금고 있다. 젊은이들은 사냥감을 향해 산길(freewill)을 질주하며 화살을 날리면서도 사유하는 표정을 담고 있다. 내가 보기에 고구려인들은 강건함과 함께 절제된 감정과 부드러움도 골고루 갖추었다. 고구려를 발전시킨 핵심적인 역할을 한 그들의 성품은 말 그대로 '산길(freewill)'의 산물이었다.

고구려 사람들은 초원의 유목민이었고, 숲속의 사냥꾼이었으며, 들판의 농사꾼이면서 동시에 바다를 항해하는 해양민이며 상인이었다.

고구려의 국가적 성격

고구려는 한민족이 세운 크고 작은 여러 나라들 가운데에서 대표적인 국가이다. 우리가 알고 있는 만주 일대와 한반도의 중부 이북(전성기 때에는 서쪽으로 대전 일대, 동쪽으로 포항 가까이)에 이르는 드넓은 육지 영토는 물론이고 동해 중부 이북의 영토와 동해 중부 이북의 해양 영토를 보유하면서 700여 년 이상 건장하게 존속하였다.

독특하고 다양한 자연 환경 속에서 주변의 여러 종족과 민족들을 하나의 시스템 속으로 편입시킨, 당시로서는 일종의 세계 국가적인 성격을 가졌다. 그러면서도 정치적으로 자주성이 강하고, 정신적으로 자아가 강한 국가였다. 또한 강한 군사력을 갖춘 정복국가였음에도 불구하고 독특하고 성숙한 문화를 영위한 문화국가였다.

고구려는 자신들의 기록에 따르면 북부여를 계승하였다고 하는데, 북부여는 현재 북만주인 흥안령 일대에서 남만주 일대에까지 걸쳐 있었던 반농 반유목의 국가였다. 주몽은 건국하자마자 송양이 다스리는 비류국을 정복하고 이어서 주변에 있었던 소국들을 차례로 병합하였는데, 이 작업은 6대 태조 대왕 때까지 쉬지 않고 계속된다.

이러한 전쟁들은 단순하게 영토를 확장하거나 자기의 권력을 강화시

키려는 것으로 가르치고 있다. 아니다. 고구려는 원조선을 계승한 나라
이다. 백제, 신라를 비롯하여 모든 나라들에게 공통된 모습이다. 따라서
이 무렵에 우리끼리 벌어진 전쟁들은 멸망한 원조선을 계승하고 영토를
수복하면서, 한편으로는 그 정통성을 확보하려는 일종의 통일전쟁이었
다. 다만 고구려가 주도적인 역할을 하였고, 최후의 승자가 된 것이다.
고구려는 비류국을 정복한 후에 그곳에 다물도를 설치하였다. 《삼국사
기》에서는 "고구려말로 구토를 회복(麗語謂復舊土多勿)한다."라고 설
명하였다. 고구려 사람들이 애용하던 말을 한자로 차음하여 기술한 것뿐
이다. '다물'은 순수한 고구려말이면서 일종의 국시였다.

  고구려는 5C경에 이르러 광개토 태왕이란 불세출의 영웅이 등장하면
서 비약적으로 발전하고 영토를 확대하여 대제국을 완성하였다. 그는 동
서남북으로 전방위 공략 정책을 취하여 북만주 일대와 연해주 지역, 요
동반도 그리고 남으로는 한강 이남까지 영토를 확대하였다. 그리고 해양
활동을 활발히 전개하여 동해 및 황해 중부 이북의 해상권을 장악하였
다. 뿐만 아니라 일본열도에까지 세력을 뻗쳤다.

  이러한 태왕이었기에 광개토 태왕릉 비문의 "國剛上廣開土境好太
王, 國剛上廣開土境平安好太王", 모두루총 묘지석의 "國剛上廣開
土地好太聖王", 경주의 호우총에서 발굴된 청동합 명문의 "國剛上廣
開土地好太王" 등의 시호가 전해졌다. 태왕은 신질서를 연 대표자였
던 것이다. 그래서 능 비문 및 일부 사료에 독자적인 연호, 태왕(太王),
천제(天帝), 황천지자(皇天之子), 성상번(聖上幡), 동명성제 등의 용어를
사용한 증거가 있다.

  장수왕 시기에 들어서면서 동아시아의 외교 질서 형태는 하나의 중심
부가 아니라 3 내지 4 정도의 핵을 중심으로 동시에 전개하는 다중다핵
방사(多重多核放射)형 외교 형태를 가지고 있었다. 장수왕은 남진정책
을 추진하여 한반도의 지배권을 확립하였으며, 해양활동을 더욱 활발히

하였다. 북으로 진출하여 현재의 동몽골 지방인 지두우 지역을 유연과 분할하여 지배하였다. 이 시대의 고구려는 한반도의 대부분, 만주 전체, 요동반도 그리고 동해와 황해의 해상권을 장악하여 동아시아에서 대륙과 해양을 겸비한 대륙적 국가의 면모를 갖추었다. 그리하여 동아시아 지중해의 중핵에서 분단된 중국 지역을 대상으로 등거리 외교를 전개하고 백제, 신라, 가야와 일본열도, 그리고 북방 세력 등 주변 각국들의 외교망을 통제하면서 역학 관계를 효과적으로 조정하였다.

이렇게 되면서 동아시아에 있는 부여계의 모든 나라들은 이젠 실질적으로나 명분상으로 고구려를 종주로 하는 신질서 속에 속하게 되었다. 한편 주변 종족들도 흡수하는 작업을 추진하였다. 두막루국(豆莫婁國)은 옛날의 북부여인데, 물길 북쪽 천여 리에 있다. 동쪽은 바다와 닿아 있고 사방 이천 리이다. 선비(鮮卑)·오환(烏桓)·거란 등을 수용하였으며, 물길(숙신·읍루·말갈로 시대에 따라 명칭이 변하는 종족) 등 북방 퉁구스계도 고구려에 편입되었다. 화북과 요서에 살고 있던 한족(漢族)들도 유이민으로 들어왔다. 이렇게 흩어졌던 종족의 재흡수와 통일 과정을 통해서 고구려는 동아시아 속에서의 위상이 격상하였다.

그 후 6C 말에 이르러 중국 지역은 선비족이 세운 나라인 수나라로 통일되고(589년), 북방에서 돌궐이라는 유목민족의 신흥 국가가 성립되면서 동아시아의 국제 질서는 전면적으로 재편되었다.

동아시아의 종주권과 교역권, 그리고 명분을 둘러싸고 동방의 강국인 고구려와 신흥 강국인 수나라는 운명을 걸고 경쟁체제에 돌입할 수밖에 없었다. 598년, 고구려는 수륙군으로 선제 공격을 감행하였고, 이렇게 해서 첫 발을 뗸 동아지중해 국제대전은 고구려가 멸망할 때까지 약 70여 년 동안 주변의 모든 국가들과 종족들을 끌어들이면서 벌어졌다.

고구려와 수나라 간에 벌어진 전쟁은 5차에 걸쳐 무려 15년 동안이나 계속되었다. 특히 3차 전쟁 때는 수나라의 2대 황제이며 최후의 황제로 전락한 양제가 무려 정병만 113만여 명을 거느리고 수륙양면으로 침입해 왔다. 하지만 요동성 전투, 대동강 방어작전, 살수전투에서 대패하면서 퇴각하였다. 그 후 두 번에 걸쳐 해안 지방을 공격하였으나 결국은 패배의 상처와 국력의 상실을 극복하지 못한 채 5년 후인 618년에 멸망하였다. 400여 년 만에 중국의 모든 지역을 통일한 수나라가 불과 30년 만에 멸망한 것이다. 고구려는 수를 이어 등장한 당나라와 다시 대규모 전쟁을 벌였다. 645년에는 당나라의 태종이 10여 년 동안을 은밀하고 치밀하게 준비한 후에 야심차게 친정군을 거느리고 고구려를 공격했다. 초전에는 요하도강 작전을 성공적으로 끝낸 후에 요동성을 점령하고 양곡을 탈취하는 등 파죽지세로 진군하면서 승승장구하였다. 하지만 당 태종은 '안시성 공방전'에 휘말려 3개월에 걸친 전투를 벌이다가 결국은 패배한 후에 퇴각할 수밖에 없었다. 그는 그 과정에서 입은 상처의 후유증으로 사망하였다.

그 후에도 전쟁은 659년까지 계속되었으며, 660년 여름에 이르러 나당 연합수군이 금강상륙작전을 전격적으로 실행하여 사비성을 함락시켰다. 이렇게 해서 동아시아의 모든 국가들이 참여한 동아시아 지중해 국제대전으로 확대되었다. 고구려는 친당 세력들에 의해 사면이 포위된 상태로 고립된 채 협공을 받으면서도 전쟁을 수행하다가 마침내 668년 9월, 평양성이 점령당했다. 그 후에도 고구려는 저항을 계속하다가 671년 안시성이 점령당하면서 멸망하고 말았다. 하지만 고구려는 30년 후인 698년 '발해'라는 후고구려로 부활하였다.

고구려가 멸망한 후에 동아시아는 당나라가 다스리는 중국을 중심축으로 하는 질서가 성립되었고, 오랫동안 한민족의 질서 속에서 영향을 받으며 존속했던 일본열도의 정치세력들은 백제와 고구려의 유민세력들의 도움을 받아가면서 독자적인 질서를 구축하였고, 670년에 일본이란 이름으로 국제사회에 등장하였다.

고구려의 영토

유리왕은 현재 대소흥안령 주변과 내몽골 지역에 거주하고 있었을 선비를 치기도 하였다. 5대 모본왕은 기마군대를 몰아 요하를 지나 험준한 의무려산을 넘고, 대릉하와 난하를 도하하면서 평원을 지나 다시 대행산맥을 넘어 지금의 북경 근처까지 공격을 단행하였다. 이어 6대 태조 대왕은 모본왕이 이룩한 업적을 토대로 요동벌을 가르는 요하를 넘은 곳에 10개의 성을 쌓았다. 이는 고구려가 일시적으로 지배했음을 의미한다. 한편 동으로는 두만강 하구의 동해까지 진출하였다.

4C에서 5C 초에 이르러 고구려의 국력은 극도로 팽창하고 영토는 광대해진다. 광개토 태왕은 즉위한 해부터 돌아가실 때까지 64성과 1400촌락을 공파하여 엄청난 크기의 제국을 건설하였다. 서로는 요하 서쪽까지 진출하였으며, 요동과 동몽골 지역을 가로지르는 시라무렌[橫河] 상류 유역까지 진출하였다. 초원인 장춘과 농안 지역을 넘어까지 고구려의 영토였다. 그런데 유목민의 지배방식인 간접 통치방식을 적용하면 눈강의 중류 이북인 치치하얼 지역 등 고구려의 영향권은 실제로 더욱 확대되었을 것이다. 말년에는 연해주 일대에까지 영향력을 끼쳤다. 한편 남진정책을 본격적으로 추진하여 경기만과 한강 이남까지 점령하고 황해 중부의 해상권을 장악하여 백제와 신라의 대중국 외교를 차단하였다. 이때 일본열도에 진출했을 가능성이 크다.

장수왕은 5C에 들어서면서 북으로 더 영토를 넓혔다. 479년에는 오늘날의 몽골 지방을 차지한 강국인 유연(柔然)과 더불어 좋은 말이 생산되는 동몽골 지방을 나누려고 하였다. 한편 남진정책을 추진하여 적극적인 진출을 했다. 백제의 왕도인 한성을 점령하고 개로왕을 죽였다. 이후 경기만을 장악하여 475년에는 황해 중부 이북은 물론 그 이남의 일부까지도 고구려의 해역으로 만들었다. 서쪽으로는 대전 지역에서부터 충주와 소백산맥의 이남을 거쳐 동쪽으로는 청송 · 포항의 흥해까지 이르는 영토를 차지한 적도 있었다. 바야흐로 고구려는 대륙의 남부와 한반도 북부, 황해 중부 이북의 해양에 걸쳐 있는 해륙국가를 이룩하였다.

또한 이러한 조건을 활용하여 각국을 연결하면서 자국을 중심으로 한 거대한 망(網, net)을 구성하였다. 전통적인 육지 위주의 질서를 기본으로 새롭게 성장하는 해양적 질서를 수용하는 복합적인 정책을 구사했다. 더구나 중국은 남북이 분단되었을 때이므로 고구려는 해양을 활용하여 동시 등거리 외교를 추진하면서 중핵(core) 조정 역할을 하였다. 고구려의 영토는 농경민족과 달리 기마문화와 초원문화의 관점에서 동시에 보아야 한다.

고구려인들의 무기

고구려가 무려 700여 년 동안 강국으로 존속한 것은 정신력, 국가 시스템, 기술력 등 여러 분야의 발전 때문었지만 직접 영향을 끼치는 것은 군사력이다. 그 군사력 가운데서도 성능이 우수한 무기는 전쟁의 승패를 결정짓는 중요한 요소였다.

활과 긴 창 등을 든 채 말 위에 올라앉은 중장기병들, 고구려의 맥궁과 장창을 든 경기병들, 그리고 갑옷과 투구를 쓴 보병들이 있다. 병사들은 환도 등을 비롯한 갖가지 종류의 칼, 창과 극, 갈고리, 도끼 곤봉 등을 사용했다. 몸을 보호하기 위하여 원형이나 네모난 모양의 방패를 들었고, 투구를 썼다. 갑옷은 찰갑과 가죽갑옷이 있었는데, 나중에는 쇠로 만든 작은 패쪽을 여러 개 이어서 옷에 붙인 찰갑옷을 입었다.

고구려인들에게 대표적인 무기는 활이다. 주몽은 신궁이었고, 고구려인들은 활쏘기의 달인들이었다. 우리 민족은 원래 활을 잘 쏘았다. 동아시아 고대문화의 주역이면서 우리와 문화적으로나 종족적으로 가까운

'동이(東夷)'의 '夷'라는 글자는 큰 활을 뜻하기도 한다. 《삼국지》에는 "고구려에서 우수한 활이 나오는데 이것을 '맥궁'이라고 부른다."하였는 데, 이 외에도 호궁(好弓), 각궁(角弓), 단궁(檀弓) 등의 이름으로 불렸다.

고분벽화에는 궁사들이 달리는 말 위에서 어깨를 뒤로 돌린 채 사슴이 나 호랑이를 겨냥하는 장면이 있다. 맥궁 또는 각궁으로 알려진 활은 길 이가 약 90cm~100cm 정도인데, 유효사거리가 약 100m 정도이며, 타격력이 좋아서 넓적화살은 짐승의 두개골을 뚫어버릴 정도였다.

활채는 소의 갈비뼈 혹은 뿔, 나무 등을 사용하였고 몇 개의 부분으로 되어 있고 가운데에 물소뿔을 끼었다. 화살은 일종의 싸리나무과로 만들어 '호시'라고 하였는데, 길이 는 약 65cm 정도이다. 화북지방에 있었던 후 조 등 외국에 군수물자로 수출하였던 기록이 있다. 촉의 모양은 용도에 따라 다양하다. 뾰족한 것, 앞이 도끼날처럼 넓적한 것, 삼지창 모양, 물고기의 꼬리 모양, 소리 를 내며 날아가는 명적, 그리고 나무틀에 다 화살을 걸고 앉아서 총처럼 쏘면 무려 100보나 날아가는 쇠뇌 등이 있었다. 수출 품이었다. 또 포노와 노포 같은 일종의 기 계식 투석기가 설치되었다.

철기병은 일종의 중무장한 기병대, 즉 개 마병사이다. 그들은 타고 있는 말들에게도 철로 무장을 시켰다. 철로 제작한 가면을 씌 웠고, 온몸 전체를 뒤덮게 장니 등도 철편을

개마무사들은 말뿐만 아니라 기병들도 미늘갑옷으로 온몸을 보호하였다.

만들었으며, 심지어는 꼬리에도 철로 만든 장식품을 붙여서 위엄을 높이는 한편 안정성을 확보하였다. 안악 3호분과 덕흥리 고분 삼실총 벽화에는 개마무사들의 행렬도, 전투도 등이 있다.

고구려 산성

고구려라는 국호가 성을 의미하는 '구루'에서 나왔다는 이야기가 있을 정도로 성들을 많이 쌓았다. 중국인들도 "고구려인들은 성을 잘 지켜 쉽게 함락시킬 수 없다."고 평가하였다. 《구당서》나 《삼국사기》에는 176개의 성이 있다고 하였는데, 현까지 알려진 숫자만 해도 크고 작은 것을 합해서 200여 개가 넘는다.

산성 체제를 북한에서는 요하 일대에 구축된 전연 방어성(기본 방어성)을 축으로 하고, 수도(집안)에 이르는 중간 지역(태자하 상류와 소자하 일대)에 중심 방어성(중간 방어성)과 수도 방어를 위한 최종 방어성의 3중 구조라고 주장한다. 고구려인들은 임진강, 한강 변, 강화도 및 한강 이남에도 산성을 축조하였다. 그 외에도 군사적으로 중요한 요충지에 전술적인 산성들이 있었고, 바닷가나 섬, 큰 강 하구에는 해양 방어 체제가 있다.

고구려는 외국과 전쟁을 자주 벌였다. 특히 북방 유목민족 및 중국의 한족과는 항상 군사적인 충돌을 하였으므로 적극적인 방어 시설이 필요했다. 수나라의 100여 만 대군을 막아 낸 요동성은 평야에 건설한 성이었고, 당 태종의 10만 친정군을 격파한 안시성은 둘레 4km에 해당하는 야산에 쌓은 토성이었다.

고구려는 일본이나 유럽의 성들과는 다른 점들이 있다. 지배 계급만을 위해서 좁은 면적을 강하고 화려하게 쌓은 거성이 아니다. 평상시에는 성주와 군인들, 그리고 일부 백성들이 거주하면서 행정공간·문화공간의 기능, 즉 거대 도시 역할을 하였다. 오골성으로 추정되는 압록강

석성의 천단 구조물. 고구려 석성을 살펴보면 고구려 사람들이 돌을 얼마나 잘 다루었는지 짐작할 수가 있다.

하구의 봉황성은 둘레가 15km에 달하고 내부는 아주 평탄해서 10만 명 정도나 거주할 수 있다. 북한학자들은 이 성이 북평양이었고, 부수도였다고 주장하고 있다. 그런데 전쟁이 벌어지는 유사시에는 주위의 모든 사람들이 성 안으로 대피하여 전면전을 폈다. 민족전쟁이었고, 국가와 국가 간의 대결이었으므로 전쟁에서 패배하면 백성들은 복속되거나 죽음을 의미하기 때문이었다. 실제로 그러했다. 그리고 고구려인들은 유달리 자아의식이 강하고 자유의지가 강해서 남에게 지거나 굴복당하는 걸 참을 수 없었다. 그래서 철저한 방어 구조를 만들었다. 단성·홑성이 아닌 양성 또는 겹성 구조로 만들어 결사 항전을 하였으며, 옹성·치 등 고구려의 효율적인 방어 구조를 만들었다.

또한 고구려성은 방어하는 공간일 뿐 아니라 전진을 위한 거점이었다. 그 유명한 요동성은 유목 종족과 중국 세력의 공격을 방어하는 목적도 있었지만, 반대로 요동 지배를 더 확고하게 하고, 더 서북쪽으로 진출하기 위한 거점 기지였으며, 물건을 사고 파는 무역 기지이기도 하였다. 안시성 또한 주변의 철산지를 관리하는 거점이었다.

고구려인들은 자연환경을 최대한 고려하여 산의 구불구불한 능선과 깊고 얕은 계곡 등을 유기적으로 활용하면서 아름답게 편안한 느낌이 들게 건설하였다. 또한 성벽들도 곡선을 그리게 하였으며 돌들도 다듬어서 아름답고 부드러운 느낌을 가지게 하였다.

고구려인들은 현실적 기능과 미학적 아름다움, 성스러운 의미(이념) 등을 배합 조화시킨 고구려인의 예술품이며 그들의 자유의지와 강한 공동체 질서를 구현한 장소이다. 고구려산성 쌓기는 백제, 신라는 물론이고 일본열도에까지 전수되었다.

산성의 구조

고구려 산성에서 가장 대표적이고 많은 형태는 '고로봉형'인데, '포곡형'이라고도 한다. 큰 골짜기를 가운데 두고 자연스럽게 이어진 산릉선과 골짜기, 그리고 때때로 절벽들을 이용하여 허약하고 부실한 곳은 돌을 다듬어 쌓고, 경사가 급한 곳은 흙을 돋워 올렸다. 그리고 요소요소에 문을 만들어 놓았고, 능선과 골짜기가 모아져 내려오는 큰 골짜기 맨 앞에는 견고하게 방어 시설을 갖추어 놓았다. 또한 물이 풍부하여 장기 농성전을 펼칠 수가 있다. 환도산성 등 정책적인 성들은 거의 대부분

고로봉식 산성들이다.

시설물

성문은 주로 옹성(甕城) 구조이다. 두 개의 벽이 만난 곳을 엇갈리게 해서 서로의 안쪽으로 파고 들어가게 한 다음에 양 벽이 만나는 그 속에 다 문을 해 달았다. 중기를 지나 후기로 갈수록 그 굽은 정도가 더욱 심해져서 굴곡이 심한 S자형이 되고 나중에는 항아리 모양을 이루고 심지어는 겹성으로 만들기도 했다. 적군이 이러한 복잡한 구조의 성문을 통과하려면 정면뿐만 아니라 사방에서 공격을 받게 되어 있다. 국내성과 환도산성, 대성산성 등에서 완전하게 나타난다.

치(雉, 馬面)는 평평한 성벽의 곳곳에 적을 공격하는 면적을 넓히기 위하여 성의 일부를 네모나게 돌출시켜서 만든 시설물이다. 즉 방어군은 정면이 아닌 3면에서 적을 공격할 수가 있다. 평양 지역의 대성산성에는 치가 69개가 있는데, 치 사이의 간격은 평균 109m이다. 화살의 유효사거리를 염두에 두고 그 간격을 정한 것이다. 국내성의 북벽·서벽에

백암성 치. 성벽 일부가 전면에 튀어나와 있어서 성을 함락하려는 적을 공격하기 쉽게 만들었다.

흔적이 남아 있고, 백암성은 현재 5개가 남아 있으며, 장하의 석성에도 있다.

점장대는 성 전체를 관찰하고 지휘할 수 있는 높은 언덕에 두었는데, 때로는 최후까지 항전하는 장소의 역할도 하였다. 성벽 위에서 몸을 숨기거나 노포 등의 발사대로 이용한 성가퀴[女牆, 雉堞]가 있다. 또 하나 중요한 것이 물 저장고인 연못이다. 고구려가 장기 농선전을 펼 수 있었던 것은 이 연못을 최대한 활용한 덕이다. 오녀산성의 천지, 용담산성의 용담, 환도산성의 음마지(飮馬池), 대성산성의 100개의 못(우물)이 그것이다. 그 외에도 아군만이 아는 비밀 문인 암문 등이 있다.

문화국가 고구려

고구려는 강한 나라였다. 정치적으로 국제사회에서 발언권이 높았으며, 이를 뒷받침할 만한 군사력도 매우 뛰어난 강국이었다. 그리고 다양한 종족들로 구성된 일종의 제국적인 성격을 띤 나라였다. 하지만 고구려는 정신이 활달하고 자유로울 뿐 아니라 문화가 발달하고 논리적이고 지적으로 성숙한 나라였다. 조선과 부여를 계승하였으므로 초기부터 문화의 수준이 높았지만, 5C에 이르면 영토가 확장되면서 질적으로 충분하게 성숙해졌고, 그 무렵 세계의 다른 제국들 못지않게 다양성을 띠게 되었다.

고구려가 차지한 영역은 다양한 자연환경들이 만나는 지구상에서도 몇 안 되는 지역이다. 지금은 러시아 영토로 귀속된 프리모르스키(연해주) 일대와 흑룡강 일대의 수렵 삼림문화, 대흥안령산맥에서 몽골로 이어지는 초원 유목문화, 중국 화북 지역의 전형적인 밭농사 문화, 중국 남방 벼농사 문화, 그리고 한반도 북부의 문화 등이 지중해적 성격을 띤 문화영토 속에서 발전하고 개화하여 혼합적이면서도 독창적인 고구려

황해남도 안악 3호분 대행렬도. 전세계 벽화 중에서 250여 명이라는 가장 많은 인원이
등장하며 왕이나 귀족들의 나들이를 그렸다. 고구려 문화와 복식 연구에 매우 중요한 벽화이다.

문화로 탄생하게 되었다.

　동아시아 세계의 많은 종족들은 다양한 자기들의 문화를 보존한 채로
고구려 제국의 국민이 되었으며, 고구려는 이를 배척하거나 경멸하지 않
고, 능동적으로 수용하여 오히려 독특하고 수준 높은 문화를 완성시켰다.

　이러한 상황 속에서 고구려인들은 자신들을 '천손'이라고 부르면서
하늘에 제사를 지내고, 건국신화를 조직적이고 체계적으로 유포하였으
며, 고분벽화나 광개토 태왕릉 비문 등에는 그러한 인식을 강하고 자신
감 있게 선언하고 있다.

　그 시대에 만들어진 사료를 보면 고구려는 천제를 칭했음이 분명하다.
고국원왕의 무덤으로 알려진 안악 3호분 벽화에는 큰 규모의 행렬도가
그려져 있고, 그 가운데에 '성상번(聖上幡)'이란 글자가 쓰인 깃발 등이
있다. 《삼국사기》에는 비록 광개토왕으로 기록하였지만, 그 시대에 만
들어진 모든 증거물에는 '태왕'으로 되어 있다. 능에는 "願太王陵安如
山固如岳"이라고 새겨진 전돌들을 사용하였다. 또 그 무렵에 만들어진
모두루총에는 호태성왕(河伯之孫 日月之子鄒牟聖王… 國堈上大□土地
好太聖王緣祖父□爾思敎奴客牟頭婁)으로, 역시 광개토 태왕릉 비문에
도 태왕(國堈上廣開土境平安好太王…), 경주에서 발견된 청동합에의 바
닥면에도 태왕(乙卯年國堈上廣開土地好太王壺杆十), 서봉총에서 발견

된 은합에도 태왕으로(太王敎造合杅用三斤六兩), 중원 고구려비에도 태왕(五月中高麗太王相王公□新羅寐世世爲願如兄如弟上下相知守天…)으로 일관되게 표현하고 있다. 심지어는 벽화에도 황룡 등을 고결한 모습으로 그려 넣었다.

고구려 문화는 중국의 문화와 다르다. 문화의 주체가 되는 종족이 전혀 다르다. 또한 중국문화는 유교적 전통이 강하고, 농경문화를 바탕으로 하였으므로 보다 체계적이고 이론적이며 역동성이 약하다. 그리고 문화를 주로 수혈 받는 지역이 서역의 일부와 남쪽이었다. 반면에 고구려는 서역 및 북방 초원 그리고 대삼림 지대의 문화를 수용했으므로 경제 형태도 다양하고 이동성이 강한 특성이 있다. 때문에 중국문화를 자극하고, 때로는 영향을 주었으며, 동아시아문화에 활력과 개방성을 불어넣어 주었다. 고구려 멸망 이후 만주 지역의 비중 있는 문화적 공간이 사라짐으로써 동아시아문화는 중국문화의 강한 영향력 아래 놓이게 되었다.

고구려는 이러한 지리문화적인 특성과 유목민족이 가진 자유로운 정신성을 바탕으로 문화적으로는 매우 개방적이었고, 세계 보편적인 인식을 가졌다. 그러한 반면에 자기 집단과 문화에 대한 자아의식이 강하여 종족 정체성에 충실하였다.

고구려는 정치군사적으로는 강력한 제국이었으나, 다른 민족들을 억압하지는 않았다. 고구려인들의 정체성과 포용력 있는 문화생태, 자유를 희구하는 정신성은 환상적인 고분벽화나 웅대하고 성스러운 광개토태왕릉 비문 등의 유물과 유적을 통해서 현재까지도 아름다운 메시지를 전달하고 있다.

신앙과 종교

신앙은 어떠한 형식을 띠든 일종의 정치를 수반한 행위이며, 심지어는 정치 권력의 향방과도 깊은 함수 관계에 있다. 그리고 문화가 어떠한 성격을 지니고 있으며, 어떤 방향으로 만들어지고 변화해 갈 것인가에 절대적으로 영향을 끼친다. 700년 동안 고구려인들의 마음을 지켜주고, 질서를 만들어 낸 종교는 무엇일까?

첫째, 창세신화를 지닌 고구려인들은 유난히 조상숭배 신앙이 강했다. 《위서》에는 요동성이 당나라의 군대에게 점령당할 위기에 놓이자 성 안에서는 주몽신을 즐겁게 하기 위해 여자를 곱게 단장시켜 성을 빼앗기지 않도록 했다는 이야기가 적혀 있다. 《당서》에는 요동성에 주몽사가 있었고, 안시성에서 당나라군과 공방전이 펼쳐질 때에 위험한 상태에 이르면 성 안에 모셔 놓은 주몽사당에 가서 빌곤 하였다는 기록이 있다.

고구려 사람들은 수도에서도 가장 신령스럽고 의미 깊으며, 기운이 충실한 터에 장군총처럼 시조 묘를 만들고 꼭대기에 신전이나 사당을 세웠다. 그리고 늘 바라보며 신앙과 경배의 대상으로 삼았으며, 의미 있는 때마다 제의를 행했다. 유화 부인을 모시는 신앙도 있었다. 고구려인들은 부여신을 고등신과 함께 모셨다. '부여신'이란 하백녀인 유화를 가리킨다. 《후한서》 '동이전'에는 "고구려에는 나라 동쪽에 수신이라는 커다란 굴이 있는데, 10월에는 신을 맞이하여 제사를 지낸다."는 기록이 있다. 《삼국지》 '동이전'에는 보다 자세한데, 수신을 나라 동쪽으로 맞이해 왕이 제사를 지낸 후 신좌에 목대를 설치했다고 전하고 있다. 이때 수혈신이란 유화 부인을 말한다.

고구려는 유독 굴과 깊은 관련이 있다. 유화가 해모수에게 버림을 받고 우발수 가에서 울고 있을 때에 지나던 금와왕이 보고 그녀를 데리고 돌아왔다. 그리고는 그녀를 어두운 방 안에 유폐시켰다. 신화상의 굴이다. 고구려 여인들은 혼인을 하기 전에 집 뒤에 조그만 집을 지어놓고 일정한 기간 동안 햇빛을 보지 않고 혼자 사는 풍습이 있다. '단군신화'에서 곰이 동굴 속에서 사는 것과 똑같은 행위이다. 중국의 《위서》에 홍

미로운 이야기가 있다. "요동성이 당나라의 군대에게 점령당할 위기에 놓이자…, 부여신을 상징하는 소상이 사흘 동안이나 피눈물을 흘렸다." 놀라운 사실이다. 고구려인들은 해모수의 수인이며 주몽의 어머니인 유화부인을 신으로 모셨다.

둘째, 불교이다. 삼국 시대에 전래된 불교는 기본적으로 왕권을 강화하고 사회를 통합할 수 있는 훌륭한 도구였다. 《삼국사기》 '소수림왕조'에는 "2년 여름 6월에 전진왕 부견이 사신과 함께 중 순도(順道)를 보내어 불상과 경문을 전했다. 왕은 사신을 보내어 답례했다."는 기사가 있다. 3년 만인 375년에 초문사(肖門寺)와 이불란사(伊弗蘭寺)라는 절을 창건했다. 그런데 이미 주몽 시대부터 고구려에 불교가 들어와 있었다는 주장들도 있다.

사실은 소수림왕 이전의 무덤인 안악 3호분에도 향로 그림과 승려가 나타난다. 건물의 추녀 끝에도 연꽃과 봉오리가 그려져 있다. 주인공 부인이 그려진 장막에도 연꽃이 있다. 안악 2호분도 마찬가지이며 불교가 들어와 꽃을 피우면서는 무용총·장천1호분 등의 고분벽화에도 불교적인 요소가 많이 반영됐다. 광개토 태왕은 한창 백제와 전쟁을 벌이고 있는 상황인데도 평양 지역에 9사를 짓는 대규모 토목 공사를 벌였다. 그만큼 고구려는 불교를 중요하게 여긴 것이다.

머리에 뿔이 달린 일각수. 도교의 영향을 받아 신성한 동물들이 벽화에 등장하기도 한다.

셋째, 선교이다. 고분벽화에는 일각수(一角獸) · 천마(天馬) · 비어(飛魚) · 인면조(人面鳥) 등이 그려져 있는데,《산해경》에 나타난 존재들이다. 도교는 7C에 받아들였다고 하는데 이미 수백 년 전부터 고구려 사회에 널리 퍼져 있음을 알 수 있다. 예를 들면 최치원이 말한 '國有玄妙之道 仙敎是已'라는 글귀, 고구려의 '조의선인', 신라의 '화랑' 등은 중국식의 도교와는 다른 우리 전통의 선교라고 볼 수 있다. 단재 신채호는 이를 '수두교'라고 표현하였다.《주서》와《북사》에서 고구려 사람들은 불법과 음사(淫祀)를 함께 받든다고 기록하였다. 이때 음사로 표현된 것들은 북두칠성 등 별 신앙과 함께 수두교의 중요한 부분일 가능성이 크다.

생활상

말타기

고구려인들은 기마에 능숙했다. 건국신화에서 고주몽은 말을 잘 다루는 사람이고, 말을 타고 이동하여 고구려를 세웠다. 초기부터 말을 이용한 전투를 하여 원거리까지 공격하곤 했다. 5대인 모본왕은 지금의 북경 지역까지 공격했었다. 동천왕은 20년(246)에 보병과 기병 2만을 거느리고 적과 전투를 벌였는데, 그 가운데 철기병이 5천("王將步騎二萬人… ?領鐵騎五千 進而擊之")이었다.

5C 이후에는 북만주와 동몽골의 초원을 점령하여 말을 공급하고 군사력을 확대하였으며, 수출까지 하였다. 특히 말을 사용하기 위한 마구 등 문화가 발달하였다. 그 외에 말을 이용하여 사슴 등을 잡는 사냥을 하였으며, 매사냥을 하기도 하였다. 벽화에는 말을 타고 사냥하는 수렵도가 많이 그려져 있다.

평안도 덕흥리 고분벽화에는 부엌·부뚜막·방앗간·육고(肉庫)·우물·상 나르는 여인·상 차리는 여인 등의 그림이 있다. 황해도 안악 3호분의 앞칸 동쪽의 곁칸에는 우물·부엌·방앗간·육고·차고(車庫)가 그려져 있다. 4C 중엽의 집안의 만보정고분에는 부뚜막이 설치되어 있다. 이는 고구려 벽화 고분 중에서 초기에 속하는 것으로 특히 여성 공간인 부뚜막 시설을 고분 내에 설치하였다.

이러한 것들을 보면 고구려 사람들은 보리, 피, 수수, 조, 쌀 농사를 지어 각종 곡식으로 지은 밥과 채소 등을 기본식으로 살았다. 그런데 발효식도 좋아하였다. 《삼국지》 '위지 동이전'에는 고구려인들이 장양(醬釀), 즉 장을 잘 담글 수 있었다고 하였다. 이미 최고의 음식기술인 발효기술을 습득하고 있었던 것이다.

그렇다면 만주에서 생산된 콩을 발효시켜 메주(豉)를 담그고 된장을 만들었을 것은 당연한 일이다. 된장(脉)은 비단 고구려뿐만 아니나 삼국 사람들이 모두 먹은 음식이었다. 《삼국사기》에 보면 된장은 신문왕의 폐백 품목에 들어 있다. 조선 시대 후기에 나온 《해동역사》에는 된장을 발해에서 만들었다고 기록했다. 또한 조·수수·쌀 등의 곡식이 풍부하고 발효 기술이 뛰어났으면 자연스럽게 술을 맛있게 빚는 것도 당연하다. 여러 종류의 술이 있었겠지만 '곡아주(曲阿酒)'라는 술은 중국에도 알려진 유명한 수출 품목이었다.

가축들을 통째로 구워먹는 바베큐 요리나 연기에 훈제한 베이컨도 만들어 먹었다. 안악 3호분에는 창고에 고깃덩어리를 매달아 놓고 밑에서 불을 피우는 장면이 나오는데, 일종의 베이컨 제작 과정이다. 어업도 발달하여 동해에서는 특히 고래잡이가 성행하였다.

고구려인들은 온돌을 발명했다. 《구당서》 '고려전'에는 이런 글이 나온다. "겨울에는 긴 구덩이 밑에 불을 때서 따뜻하게 지낸다." 비슷한 내용이 《삼국지》, 《신당서》 등에 나온다. 덕흥리 고분벽화나 안악 3호 분의 벽화를 보면 무덤의 주인공은 마루에서 좌식 생활을 하였고, 화려한 휘장을 친 방에서 신을 벗고 가부좌를 틀고 앉아 있다. 그래서 온돌은 고구려인들의 발명품이라고 한다. 연해주 일대에서도 유적을 발굴하다가 온돌이 나오면 고구려 또는 발해 유적이라고 판단한다.

경 제

고구려는 요동 지역, 압록강 하구 일대, 두만강 하구 일대, 경기만 일대 등으로 경제 영토를 확대하였다. 광개토 태왕은 나라 안에 사는 백성들의 삶도 풍족하게 만들었다. 비문에는 이렇게 새겨져 있다. "…백성들이 평안히 생업에 종사할 수 있게 하였다. 국가는 부유하고 백성도 은실했다. 오곡이 풍요롭게 잘 익었다(庶寧其業 國富民殷 五穀豊熟)."

말, 소, 돼지 등 가축을 대규모로 기르는 축산업도 발달하여 경제력 향상에 큰 역할을 하였다. 한편 수렵경제, 삼림경제 또한 본격적으로 발달하여 목재 · 약재와 꿀 · 버섯 · 산삼 등의 식용작물도 산출되었으며, 무엇보다도 귀중하고 비싼 가죽을 생산해서 수출하였다. 요동을 장악하여 콩 · 피 · 조를 재배했고, 쌀도 생산했다.

그 시대 최고의 에너지원이며 부가가치가 높은 기간산업인 제철업이 발달하였다. 고구려에는 철생산지가 한두 곳이 아니라 여러 곳이 있었다. 두만강 하구 지역을 비롯하여, 그 무렵 가장 큰 철생산지인

수레바퀴신 벽화. 고구려 사람들은 실생활에 필요한 물건을 귀하게 여겨 벽화에 남겼다.

안시성과 요동성 일대를 장악하여 광산업과 제련술을 발달시켰다. 철을 자급자족할 뿐만 아니라 최고의 무역품으로도 활용하였다. 《수서》 '남실위전'에는 "其國無鐵 取給於高麗"라는 내용이 있다. 즉 흥안령 주변에 거주하는 실위(室韋) 등에 철을 주고 대신 말을 사들이는 마철교역도 활발히 추진한 것이다. 또한 황금을 생산하는 야금업이 발달했다.

무역업이 활발하였다. 고구려는 전기부터 후한에 담비가죽·명마 등을 팔았는데, 물산의 종류들과 고구려의 지리적인 위치로 보아 이것은 중계 무역일 가능성이 높다. 그 후 양자강 하구 유역에 있는 오나라와 무역을 하였다. 첫 번째 이루어진 교섭에서 오나라에 담비가죽을 무려 1000장, 그리고 할계피(鶡鷄皮)를 10구에 달하는 양 등의 토산물을 수출하였으며, 각궁 같은 고구려 특유의 군수 물자를 보냈다. 후에는 값비싼 군수 물자인 말을 80필 보내기도 하였다. 반면에 손권은 의복과 진귀한 보물 등 사치품을 보냈는데, 오(吳)는 동남아 등과 무역이 활발했다. 고구려와 발해는 모피산업이 발달하여 중요한 수출 품목이었다. 《삼국지》 '부여전'에는 이 지역에서 여우·원숭이·담비가죽·살쾡이 등이 생산된다고 하였다. 담비가죽〔貂皮〕은 읍루에서도 명산으로 취급됐는데 북옥저는 읍루와 접해 있었다. 동옥저도 마찬가지여서 고구려는 담비(貂)·포(布) 등을 조세로 받았다.

장수왕은 한반도 중부 이북의 영토와 해양 영토를 확보하고 무역을 위한 물류의 거점으로 만들었다. 당연히 북방 종족들, 서북 지역의 말갈 등과 중국 북부, 혹은 남부 지역을 연결하여 중계 무역을 추진하면서 막대한 이익을 취했다. 439년에 군수 물자인 800필의 말을 배에 실어 송나라에 보낸 적이 있다. 그 후에도 화살〔楛矢〕, 석궁(石弩) 등 군수 물자를 보냈다. 섭라(涉羅, 제주도)에서 생산되는 '가(珂, 귀한 보석)'라는 보석을 구해서 북위에 수출했다. 동해를 이용해서 왜국과 무역이 활발했다. 수없이 많은 산성들을 축성하였고, 수·당과 70여 년 동안에 걸쳐

대 전쟁을 벌인 것은 국가적인 부와 경제력이 뒷받침되지 않으면 불가능한 일이었다.

놀이문화

놀이가 없거나 부족하면 사회에 활력이 사라지고 여유가 없어지며 공동체 의식에 균열이 생긴다. 뿐만 아니라 창조성이 약화된다. 그래서인지 고구려인들은 유달리 놀이문화가 발달했다. "노래하고 춤추는 것을 좋아하여 나라 안의 동네마다 밤만 되면 남녀가 모여 노래하고 논다(《남사》 권 69, 고구려)."고 하였고, "귀하고 천하고의 차별이 없다(《위서》 권 100, 고려)."고 했다.

매년 3월 3일이면 모든 청소년들은 낙랑 언덕에 모여 각종 놀이를 즐겼고 시합을 벌였다. 이런 대회에서 승리하면 장군이 될 수도 있었다. 우리가 흔히 '수렵도'라고 부르는 벽화는 이 행사와 깊은 관련이 있다. 가장 잘 알려져 있고, 예술적으로나 사실을 정확하게 묘사한 그림이 쌍영총의 수렵도와 무용총의 수렵도이다. 깃을 꽂은 조우관을 쓴 젊은 청년들이 활달한 표정과 자신감에 찬 몸짓으로 호랑이와 사슴 등에게 화살을 날리고 있다. 덕흥리 고분벽화에는 현실의 동면 · 남면 · 북면의 천장 부분에 수렵도가 그려져 있다. 고구려인들은 매를 키워 매사냥도 했는데, 발해인들은 해동청을 수출했다. 고구려에는 '마사희(馬射戲)'라는 말타기 놀이가 있다. '마상무예'라는 표현을 사용하기도 한다. 대안시 덕흥리 벽화 고분의 기마 궁술 경기대회 장면의 그림이 유명한데, 벽화를

수박희. 태권도의 원조라고 알려져 있다.

그린 화가의 자작 그림의 제목은 '마사희'이다.

그 외에도 육체적인 힘을 기르고 강건한 정신을 연마하기 위해서 다른 체력 단련이나 무술 연습을 했다. 그 가운데 하나가 씨름이다. 집안시 동쪽 들판에 있는 각저총(씨름 무덤) 벽화의 동쪽에는 유명한 씨름 그림이 있다. 까치들이 앉아 있는 크고 우람한 나무 아래에서 두 사람의 건장한 역사가 상대방의 허리를 붙들고 힘을 겨루고 있는데, 영락없이 씨름이다. 그런데 재미있는 것은 얼굴을 앞으로 돌린 사람의 코가 우리와는 다른 크고 전형적인 매부리코인 것으로 보아 서역 사람임에 틀림없다. 장천 1호분의 북쪽 면에도 씨름도가 있다.

또 오늘날의 택견, 태권도, 수벽치기 같은 '수박희'라는 무술도 했다. 집안에 있는 씨름 무덤에도 있고, 바로 붙어 있는 무덤인 춤무덤(무용총)의 북쪽 벽에도 태권도와 비슷한 그림이 있다. 물론 그 이전에 만들어진 안악 3호분에서도 전실 동쪽 면에 태권도와 비슷한 그림이 있다. 오늘날의 태권도와는 약간의 차이가 있지만 그러한 운동이 있었던 것은 틀림없다.

고구려인들은 바둑 두는 것을 즐겨했으며, 작은 항아리에 물건을 던져서 넣는 투호를 하고, 유목민족들이 즐겨한 격구도 했다. 신라에서 유행한 축국도 했을 것이다. 평민들이 한데 어울려 한 놀이 가운데 석전이 있다. 참여한 군중들을 좌와 우의 두 집단으로 나누어 돌을 던지고 소리를 지르면서 일종의 경쟁을 하는 행사인데, 왕은 예복을 입고 신하들과 함께 참관했다.

기예는 일종의 서커스인데, 이 또한 무시 못할 스포츠 행사였다. 평안남도 팔청리 벽화에서 보이듯이 청년들은 돌 던지기나 막대기 던지기도 열심히 했는데, 재미있는 스포츠이기도 하지만 전투가 벌어질 때 한몫을 하기 위해서이다.

제2장

고구려 유적을 찾아서

01

고구려 첫 도읍지 환인

고구려의 첫 수도는 홀본(忽本), 졸본(卒本), 흘승골성(訖升骨城) 등으로 불린다. 광개토 태왕 비문에는 "비류곡 홀본 서쪽 성산 위에 도읍을 세웠다."라고 되어 있다. 기원전 37년부터 기원후 3년까지 수도였다. 현재 홀본의 위치는 환인현 혼강 가에 있는 오녀산성으로 추정하고 있다. 해발 800여 m의 높이에 사면은 150여 m의 절벽으로 이루어졌으나, 산정은 남북 1300m, 동서 300m의 평지로 되어 있다. 안에는 '천지'라고 불리는 연못이 있고, 궁전터 · 점장대 · 병영터 등과 유물들이 발견되었다.

오녀산성의 흘승골성

오녀산성은 환인 시내에서 동북으로 약 8.5km를 나가서 유가구촌에서 다시 산으로 올라가야 한다. 백여 m가 넘는 벼랑이기 때문에 쉽게 접근할 수가 없다. 그래서 정문에 해당하는 서문과 연결된 서쪽으로 1000개의 돌계단을 만들어 놓아 걸어 올라갈 수 있게 만들었다. 예전에는 식량 운반용 레일 차를 설치해서 타고 다니기도 하였다. 최근에는 남문 쪽으로 길을 내서 당나귀 마차를 운행하고 있다.

풀숲을 헤치면서 걸어다녀 보면 전설의 여인 옥황녀의 사당 건물 흔적도 나타나고, 사람들이 거주했던 흔적들이 간간이 눈에 띈다. 밑에서 볼 때와는 달리 안이 꽤 넓은데, 남북 1300m, 동서가 300여 m나 된다.

'희인'에서 '환인'으로 이름을 바꾼 이 지역은 혼강을 끼고 흐르는 분지에 건설된 도시이기 때문에 일

세계문화유산에 등재되고, 동북공정을 1차적으로 끝낸 다음인 2008년에 개관하였다. 전시관에는 고구려를 비롯해서 이 지역에서 활동한 주민들의 유물들을 전시하였다. 고구려 시조비라는 비문과 비석이 세워져 있다. 비문은 최근에 중국인이 지은 것이다. 내용은 고구려는 중국의 화하고족(華夏古族, 고대 민족)이며, 은나라와 이어지는 고이(高夷)에서 비롯되었다고 하였다. 뿐만 아니라 고구려 역사가 한의 군현에서 출발했다는 내용을 상세하게 쓰고 있으며, 더 나아가서는 고구려는 결국 중국 민족의 일원이었다고 주장하고 있다. 이는 고구려는 중국의 소수 지방정권이라는 동북공정의 주장을 사실처럼 왜곡하고 있는 것이다.

환인 지역 지도

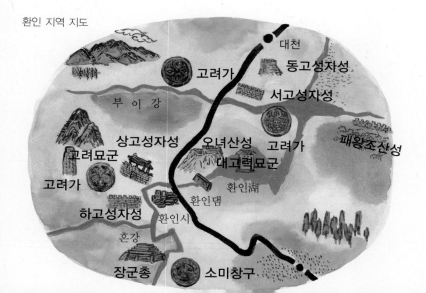

찍부터 사람들이 살았었다. 오녀산도 신석기 시대부터 사람이 살았던 흔적들이 있다. 반지하의 움집들도 발견되었고, 여러 가지 모양을 지닌 그릇들도 발견되었다. 이어서 청동기 시대의 유물들인 돌도끼, 돌칼, 돌화살촉, 그물추 등도 발견되어 계속해서 사람들이 살았음을 알 수 있다. 그러한 문화를 토대로 삼아 북쪽에서 이주해 온 고구려인들은 이 산 위에 성을 쌓고 도시를 건설하였다.

궁전터로 추정되는 대형 건축물의 터들과 창고 · 병영 · 초소 등 군사 진지의 터들이 수십 군데 발견되었다. 큰 건물터에는 온돌의 흔적도 남아 있다. 무덤과 기와편, 절구 등 유물들이 발견되었다. 성 안에는 천지라고 불리는 연못이 있다. 식수원이 되기도 하였지만, 신앙처로 사용되었을 것이다. 점장대에 서면 사방이 한눈에 보인다. 바로 아래에는 환인댐이 있다. 북쪽에서 오는 적들도 미리 관찰할 수가 있을 정도로 시계

오녀산 동벽

가 멀다. 그래서 주변에는 동쪽에 재원의 패왕조 산성, 북쪽에는 신빈의 흑구산성, 전수호 산성 들을 쌓았다. 국내성을 방어하는 거점성이다.

성벽을 쌓았던 흔적은 서문의 주변과 산 정상에서 동쪽과 남동쪽으로 180여 m 되는 곳에 남아 있다. 완벽한 형태로 높은 데는 거의 6m가 넘었다. 윗부분의 너비는 2m 정도이고 아랫부분은 5m에 가깝다. 굽도리양식과 퇴물림 양식을 활용하여 단단하고 아름답게 쌓았다. 무너진 틈으로 성벽의 내부를 잡석과 판석을 섞어서 정교하게 쌓은 것이 보인다. 문이 세 개가 있었는데, 동문이 가장 튼튼하고 이른 시기의 것이다. 꺾쇠형으로 구부러진 옹성 구조가 완벽하게 남아 있다. 문의 넓이가 거의 3m나 된다.

하고성자(下古城子)성터

환인을 감싸고 도는 혼강의 왼쪽에 마을이 있는데, 그 곳이 성터이다. 오녀산성과는 10km 정도 떨어져 있다. 땅을 단단하게 다진 다음에 성을 쌓았다. 둘레는 총 800m에 달하는 넓은 평지성이다. 고구려는 산성과 평지성을 하나의 체제로 하는 구조인데 여기 또한 그러하다. 지금은 마을 입구 민가 벽 앞에 조그만 돌비 하나만이 서 있을 뿐이다. 성벽의 흔적은 찾을 길이 없다.

미창구 장군총

환인 주변에는 망강루 고분을 비롯해서 고력묘자군 등 고구려 고분군들이 있다. 또 집안시와는 다른 장군총이 시에서 남쪽으로 10여 리 떨어진 미창구(米倉溝)촌에 있다. 미창구 나루터를 건너 언덕을 올라서면 커다란 무덤이 평원 위에 우뚝 솟아 있다. 미창구의 장군총은 5C 초의 대형 봉토석실묘로서 돌로 방을 꾸며 안장한 뒤 그 위에 흙으로 봉분을 덮은 형태이다. 높이가 7.2m, 주변이 170m에 달하는 대단히 큰 무덤으로서 주변에도 몇 개의 고분이 있다.

　내부에 벽화가 있는데 지금껏 알려진 어느 고분 벽화보다 뛰어나고 화려하다. 사신도는 없고, 대신 수탉(봉황인지도 모름.)·기린마·삼족오·용·사자 머리 모양의 사람 등이 있는데, 특히 놀라운 사실은 아홉 개의 꽃잎이 달린 연꽃이 있고, 천장의 구석구석마다 '왕(王)' 자가 씌어 있다. 특히 널방의 네 벽 모두 연꽃 도안 무늬가 그려져 있으며, 검은색으로 서로 목을 맞댄 두 마리의 용을 기하학적인 연속 무늬로 만들어 장식한 것은 고구려의 뛰어난 회화기법과 미의식을 보여 준다. 도굴당했지만 금, 금속 장식품 등을 찾았다.

미창구 고분. 표지석이 없다면 나지막한 야산처럼 보인다.

고력묘자 고분

'고력묘자묘군(高力墓子-墓群)'이라고도 부르는데 '고구려 무덤 떼'라는 말이다. 오녀산산성 및 그 부근의 고구려 유적과 밀접한 관계가 있기 때문에 고구려 초기의 사회문화를 밝히는 단서가 될 수 있다는 점에서 매우 중요한 유적이다.

고력묘자군은 묘의 수량이 많을 뿐만 아니라 면적이 크고 묘장 형태도 다양하다. 적석묘(積石墓), 방단적석묘(方壇積石墓), 계단적석묘, 봉석적석묘(封石積石墓) 및 방단봉토묘(方壇封土墓) 등이다. 세 차례에 걸쳐 모두 31기를 발굴하였는데 그 숫자는 전체 무덤 떼에서 극히 일부에 지나지 않는다. 발굴 당시 도자기, 철제 칼, 창, 화살촉, 은제 말방울, 금은제 장식품 등 47가지 순장품이 출토되었다고 한다.

석곽묘가 남아 있는 오녀산 기슭의 대안만.
고력묘자촌 고분군은 앞에 보이는 산에 있었는데, 환인댐으로 인해 물에 잠겼다.

02

고구려 두 번째 도읍지 집안(集安)

집안시는 원래 '집안(輯安)', '동구(洞溝) · 통구(通溝)'라고 칭하였던 곳이다. '집안'은 '무수안집(撫綏安輯)'이란 문구에서 딴 것으로, '무수'는 '어루만져 편안하게 한다.'는 뜻이고, '안집' 또한 '편안하게 한다.'는 뜻으로, 백성을 편안하게 하여 생업에 종사하게 한다는 의미라 한다. 1965년, '집안(輯安)'에서 '집안(集安)'으로 표기를 바꾸어 사용하였다. 현재 집안의 20여 만 인구 중에서 조선족이 만족(滿族)의 배가 넘는 약 1만 5000여 명에 이르며, 이는 집안에서 소수민족 가운데 가장 많은 인구이다.

고구려의 태반 국내성

집안 지역은 동서남북 어느 방향에서도 공격이 곤란하고, 반면에 대피가 용이한 천혜의 요새지다. 만주와 한반도 서북부를 자연스럽게 이어 주기 때문에 불편한 점이 있지만 그런대로 교통의 요지이다. 아울러 압록강 수로를 이용하여 황해로 진출하면서 해양을 활용할 수 있는 이점이 있어서 국제도시가 되기에 적합하다. 국내성은 현재 집안 시내의 서쪽 부분에 해당한다. 압록강과 통구하가 합류하는 통구분지의 서부 일대로 북쪽(1km)에 우산(禹山), 동쪽(6km)에 용산(龍山), 통구하를 건너에 서쪽에는 칠성산(七星山)이 있어 전형적인 배산임수(背山臨水)의 천연 요새이다. 조사한 바에 따르면 국내성은 동벽이 555m, 서벽이 665m, 남벽은 750m, 북벽은 715m로서 총 길이가 2700m인 약간 길쭉한 사다리꼴의 성이다. 원래는 성벽의 높이가 5~6m, 밑부분의 너비가 10m, 성 안 벽 높이가 3~5m이다. 성문은 총 여섯 개였는데, 동

집안시는 길림성의 최남단으로 압록강 중류의 산간 도시이다. 온대 대륙성 기후대에 속하며 사계가 뚜렷하다. 집안은 동일 위도상의 다른 도시보다 기온이 높은 편인데, 도시 북방을 장백산맥의 지맥인 노령산맥의 준봉들이 병풍처럼 막아 주며, 남쪽으로는 압록강이 온대 계절풍을 실어다 주어 '새외의 소강남'이라 일컫는다. 연중 영하의 온도가 3개월 정도이고, 서리가 내리는 달도 10월~4월뿐이다. 이러한 기후 조건은 북방의 다른 도시와 비교하면 천혜의 조건이라 할 수 있다. 따라서 일찍이 고구려가 국내성을 중심으로 하여 성장할 수 있었던 바탕에 집안 지역의 기후 조건이 커다란 영향을 주었다고 할 수 있다.

집안 지역 지도

쪽은 집문문(輯文門), 서쪽은 안무문(安武門), 남쪽은 금강문(襟江門)이
었다.

국내성의 축성 방법은 확인된 바에 의하면 현재의 석책성벽은 본래 있
었던 토성의 기초 위에 쌓은 것이라고 한다. 현재 국내성은 보존 상태가
좋지 않기 때문에 그 모습이 일정하지 않으나, 보존이 비교적 양호한 서
벽의 남쪽 부분은 높이가 3~4m가 되고, 북벽은 2m 정도이나 서쪽으
로 갈수록 파괴되어 흔적만 남아 있다. 그런데 방어 시설인 치가 동에 세
개, 남에 두 개, 북에 한 개 등 총 여섯 개가 있다. 북벽에는 이빨 빠진 앞
니처럼 기단부에 돌 몇 개만 삐죽이 솟아 있고, 서벽에는 형태는 분명하
나 높이가 3m 정도인데 지금은 민가를 다 이주시키고 완벽하게 복원했
다. 또 하나, 국내성에는 인공 해자가 있었다. 국내성은 동·남·북의 성
바깥에 폭 10m 정도로 파서 물을 채워 해자로 만들었다. 서벽은 통구하
가 자연 해자의 역할을 했으니 팔 필요가 없었다. 북벽 해자는 아파트 앞
의 골목길이 되어 버려 흔적을 알 길이 없다. 남쪽에서도 해자를 보기는
어렵다.

2대 유리왕은 천도하자마자 이 곳에서 무려 2만이라는 병력을 동원
하여 오이와 마리로 하여금 양맥국을 멸망시키고 현도군의 고구려현을
얻었다. 그 후 비록 몇 번인가 함락당하고 피난을 나선 적도 있었지만
적어도 장수왕 때인 427년에 평양 지역으로 옮길 때까지 무려 400여
년간 고구려를 동아시아의 강국으로 만든 산실이고 성장시킨 둥지였다.

그런데 성벽으로 둘러싸인 국내성은 궁성이고, 그 밖에 중요하지 않
은 관청, 공공 건물들, 군대 주둔지, 귀족 저택들, 그리고 시장 거리와
대장간 등은 궁성 밖에 있었고, 그들을 보호해 주는 도성은 아마도 따로
있었을 것이다. 물론 일반 백성들은 더 멀리 오늘날의 시내 외곽에서 살
고 있었을 것이다. 압록강도 국경이 아니라 궁성이나 도성을 방비하는
큰 해자이며, 마치 한강처럼 수도 앞을 흐르는 강이었다. 그래서 귀족들

《조선고적도보》의 사진을 보면 일제강점기 때만 해도 국내성 성벽이 온전히 남아 있었다.

아파트 촌에 묻힌 국내성 북벽의 안타까운 모습

의 고분군들이 압록강 너머인 만포에도 있는 것이다. 그러니까 주변이
3km가 채 못 되는 평지성은 서울 안의 경복궁처럼 궁성에 불과하고, 수
도 또는 도성이라는 의미의 국내성은 오늘날 동서 10km, 남북 5km에
달하는 집안분지 전체를 말한다. 그래야 대제국인 고구려의 수도에 걸맞
는다. 집안분지 전체가 큰 나라의 머리가 되어 살아가는 지혜를 알려 주
고, 또 심장 구실을 하면서 곳곳에 생명의 피를 공급해 주고, 나라의 온

갖 근심을 안아 주던 품 역할을 한 것이다. 그리고 하늘과 땅을 연결하는 가장 신성한 터전이었다.

환도산성

국내성의 북문이나 서문을 나와 뒤꼍으로 통구하를 따라 우산의 뒤꼍으로 접어들어 2.5km를 가면 해발 676m의 환도산을 만날 수 있다. 노령산맥의 우뚝 솟은 봉우리들이 병풍처럼 하늘의 반을 채운 채 내려다보고 있다. 높기도 하려니와 산과 골이 매우 깊다. 하지만 사납거나 우악스러운 느낌은 전혀 없다. 동네 뒷산 같이 정겹고 아늑한 느낌이다. 환도산성은 고구려의 전형적인 고로봉식 산성으로서 평양의 대성산성, 단동 근처의 봉황산성과 함께 가장 큰 성이다.

고로봉식 산성이란 '포곡형'이라고도 하는데 정상과 절벽, 능선과 골짜기의 선을 그대로 활용하여 허약하고 부실한 곳은 돌을 다듬어 쌓고, 경사가 급한 곳은 흙을 돋워 올려 만들었다. 요소요소에 문을 만들어 놓았고, 산이 모아져 내려오는 큰 골짜기 맨 앞에는 견고하게 방어 시설을 갖추어 놓았다.

환도산성은 전체적으로는 산의 모습 그대로이기 때문에 불규칙하게 보이고, 타원형으로 되어 있다. 제일 긴 서벽이 2440m, 동벽은 1716

환도산성 내부 모습. 멀리 돌로 쌓은 점장대가 보인다.

m, 남벽은 1786m, 그리고 제일 짧은 북벽은 1009m로 총 길이가 거의 7km(6951m)이다. 성문은 모두 다섯 개인데, 동과 북에 각각 두 개씩, 그리고 남문에는 정문 겸 한 개, 서벽에는 워낙 지형이 험해서인지 따로 문이 없다. 정문격인 남문은 골짜기가 빠져 나가는 출구이기 때문에 앞이 툭 트여 있고, 계곡물이 흘러나오고 있다. 정교하고 복합한 옹성 구조로 만들어 적의 공격을 효과적으로 막았다. 전에는 무너진 돌산만이 있을 뿐이었으나 지금은 발굴을 끝내고 원형대로 복원해 놓아 본모습을 알 수 있다.

정문을 돌아 안으로 들어가면 왼편으로 수원지인 음마지가 마른 채로 나타난다. 언덕을 돌아 올라가면 견치석의 화강암을 굽도리양식과 퇴물림 방식으로 아름답게 쌓은 점장대가 있다. 성 앞 진을 친 적군을 관찰하기에 좋은 위치인 데다가 지대를 높게 돋운 탓에 통구하와 집안시의 한 모퉁이가 눈에 들어온다. 또한 성 내부의 어느 곳에서도 볼 수 있어 명령을 전달하기에 적합하다. 완만한 기슭에 자리한 궁전터는 남북이 92m, 동서가 62m인데 지금은 밭으로 변했다. 발굴을 완료하고 난 후, 건물터였음이 짐작되는 주춧돌들을 볼 수 있고 많았을 고분들도 훼손되어 지금은 10기만이 희미하게 흔적을 남기고 있다. 안이 꽤 넓어 충분히 임시 수도 역할을 했으리라는 생각이 든다.

환도산성 정문. 잘 쌓은 석축의 옹성 구조와 배수문이 남아 있다.

환도산성의 역사

유리왕 22년에 수도를 국내로 옮기고 위나암성을 쌓았다는 《삼국사기》의 기록으로 보아 이 위나암성이 환도산성일 가능성도 있다. '환도(丸都)'라는 말은 한자로는 '알맹이 도시', 즉 '중핵도시(core)'란 의미이지만, '환'은 순수한 우리말 '한'의 전음이다. 따라서 '크다 · 넓다 · 하나다 · 으뜸이다'의 의미를 가지고 있으므로 환도는 음으로도 곧 수도를 가리킨다. 고구려는 수도 근처에 반드시 일종의 대피성 겸 장기 농성전을 위한 수비성을 두었고, 때로는 수도의 기능까지 하게 하였다.

《삼국사기》에는 산상왕 때인 209년에 환도를 도읍지로 삼았고 전투를 벌이는 과정이 소개되고 있다. 동천왕 때도 패배하여 이곳이 점령되었다. 그런데 환도성의 위치를 놓고 단동시의 위쪽인 봉성현에 있는 오골성, 신빈의 흑구산성, 재원의 패왕조산성 등의 여러 설이 있다.

342년 한겨울에도 연나라의 수만 군대에게 국경을 돌파당하고 나서

국내성 뒤쪽인 우산에서 바라다본 환도산성 전경. 점선으로 표시된 구역의 산 능선을 그대로 활용하여 7km에 달하는 산성을 쌓았다.

수도가 점령당하였다. 만약 국내성이 고구려의 수도 역할을 안정적으로 했었다면 환도산성은 수도 방위성으로서 혹은 임시 수도의 역할을 할 수밖에 없다.

하늘에서 내려다본 환도산성 내부 궁전터와 현재 발굴터 모습(위)

한때 환도산성 아래 산성하무덤 떼에는 수천 기의 무덤이 있었던 것으로 알려져 있다. 집안은 1만 2000여 기의 무덤이 있었던 고구려 최대의 고분 도시이다.

복원한 장대. 장수가 군사들을 지휘하는 곳이며, 성이 점령당했을 때 최후의 일인까지 이 곳에서 저항하다가 최후를 맞이하는 곳이기도 하다.

산성하무덤 떼

환도산(丸都山)과 우산(禹山) 밑의 통구하(通構河) 사이에는 거대한 고분군이 있다. 집안 지역에는 모두 1만 2000여 기의 고분이 있는데, 그 가운데 이 환도산성 지역 내에만 무려 4700여 기의 고분이 있다. 산성하무덤 떼는 옥수수밭에 흩어져 있고 자세한 설명이 있는 표지도 없어서 무덤의 소재를 잘 알 수 없었으나, 1993년 대대적인 보수 공사 후 지금의 웅장한 고분군의 모습을 드러냈다. 2004년 이후에는 비교적 관리를 잘하고 있다. 이 무덤 떼에 속하는 유명한 고분으로는 1298호 꺾인 천장무덤, 635호 형무덤(兄墓), 636호 아우무덤(弟墓), 1304호 거북등무덤(龜甲墓), 983호 연꽃무덤(蓮花墓), 332호 왕자무덤(王字墓) 등이 있다. 꺾인 천장무덤은 널방 천장 구조의 특이성 때문에 잘 알려져 있고, 거북무덤은 널방 안에 거북의 등딱지 무늬가 그려진 벽화 무덤으로 유명하다.

광개토 태왕릉비

고구려의 신시(神市)인 국내성 동쪽 들판 한가운데에 커다란 돌덩이가 의연히 서 있다.

경주의 왕릉을 연상케 하며 한 번쯤 고즈넉하게 걷고 싶은 산성하무덤 떼 안

산성하무덤 떼의 적석총. 무덤 앞에 서면 사람이 한없이 작게만 느껴진다.

광개토 태왕의 아들인 장수왕이 아버지가 붕어하고, 2년째 되던 해인 414년에 세운 '광개토 태왕릉비'이다.

이 비는 동양에서 가장 큰 금석문이다. 아래에는 화강암의 대석이 있는데, 직경 20cm의 장방형이다. 비신은 높이가 6.39m, 한 면이 1.35m~2m인 사면의 각력 응회암이다. 모두 44행에 1775개의 글자가 어른 주먹보다 큰 10~15cm 크기인데, 예서체로 음각되어 있다. 아래 면은 넓지만 위로 올라갈수록 좁아져서 마치 솟구치는 느낌을 준다. 늘 비상을 원하는 하늘의 자손답게 하늘을 향한 염원을 표현하고 싶어

위를 점점 모아가게 한 것이다.

　오랫동안 어느 나라, 누구의 비인 줄 몰랐으나 1880년대부터 이 비의 존재를 주목하여 고구려의 광개토 태왕릉비인 줄 알았다. 정제되지 않은 화산암을 사용한 신령스러운 돌로서 생기의 결정체이면서도 고구려인들의 검박함과 자의식을 표현하고 있다.

　이 신령스러운 느낌을 내뿜는 비는 광개토 태왕의 업적뿐만 아니라 앞으로 고구려의 역사와 문화를 발전시키는 기본 방향을 제시하는 이정표 내지 좌표의 역할을 목표로 삼았다. 구체적으로 정책을 거론하지는 않았지만 세계관, 정치관, 문화관 같은 핵심적인 사항들을 여러 가지 모습으로 표현하였다. 첫머리에 시조인 주몽이 역사에 등장하는 과정이 신화의 형태를 빌어 쓰여 있고, 태왕이 주몽으로부터 어떤 세계(世系)를 거쳐 계승되어 왔는가와 비를 세운 경위 등이 있다. 이어 두 번째 부분에는 1면 중간에, 3면 중간에 대왕이 언제 어떻게 정복활동을 벌였고, 점령한 지역들은 어느 곳이며, 또 영토를 순수(巡狩)한 사실들이 순서대로 음각되어 있다. 그리고 마지막 부분에는 무덤을 지키는 일을 맡은 수묘인(守墓人)과 관련하여 그들의 다양한 출신지와 숫자 등이 새겨져 있다.

　용비어천가(龍飛御天歌)는 이성계를 칭송하는데, 황성과 함께 비에

환도산성 가는 길에 있는 고구려 돌무덤. 민가 안마당에 방치되어 있다.

대한 내용을 알리고 있다. 《고려사》에는 이성계가 이 지역을 평정했으며, 이 곳에 황성이 있다고 기록하고 있다. 또 조선 후기에 들어와 이수광(李晬光)은 《지봉유설》에서 이 비를 얘기하였다. 그런데 놀랍게도 이는 모두 금나라의 황성과 시조비로 기록했다. 그렇게 묻혀 오다가 1882년에 이르러서 일본군 스파이인 사까와 가께노부(酒勾景信) 중위가 발견하였고, 일본 참모본부가 8년간의 연구를 한 끝에 1889년에 공표하였다. 비문의 내용과 글자의 해석을 둘러싸고 한국, 중국, 일본 간에 많은 일들이 벌어졌다. 그런데 세월이 이미 1600년 가까이 지났고, 응회암 계통의 돌이라 마모되면서 글자가 없어지거나 상태가 안 좋아 식별이 어려운 부분들이 적지 않았다.

그 후 원석 정탁본, 석회 가공탁본 등이 발견되면서 일본인들이 일부 글자를 변조했다는 주장이 나타났다. 재일 사학자인 이진희 씨가 처음으

유리벽에 갇힌 광개토 태왕릉비

로 제기된 이 주장은 한·중·일 학자들 간에 많은 논쟁을 불러일으켰다. 특히 일본제국은 일부 구절의 내용을 왜곡하거나 몇 개의 글자들을 변조했다고 하는데, 심지어 비를 다른 장소로 옮기려는 시도마저 하였다.

주로 1면 왼쪽의 하도부인 소위 신묘년 조항이 문제의 핵심이다.

···百殘新羅, 舊是屬民由來朝貢, 而倭以辛卯年來, 渡海破百殘□□新羅, 以爲臣民以·······.

이 문장을 일본인들은 "백제와 신라는 예로부터 속민이었다. 그런데 왜가 신묘년 이래 바다를 건너와 백제 임나가라 신라를 공파하고 신민으로 삼았다."라고 해석을 하였다. 이는 당시 전개된 동아시아의 역학 관계를 고려한다면 설득력이 전혀 없다. 그런데 정인보 선생은 "百殘新羅 舊是屬民 由來朝貢而倭以辛卯年來 (고구려)渡海破百殘□□□羅以 爲臣民···"라고 해석하여 바다를 건넌 주체를 고구려로 보았다. 즉 '왜가 오니(고구려)가 바다를 건너' – 이후에 북한과 남한의 일부에서 이 견해를 받아들이고 있다. 그런데 다른 탁본들이 공개되면서 이진희 씨는 일본이 조선의 식민지화를 추진하고, 그 역사적 당위성을 찾기 위해서 몇 개의 구절을 왜곡하거나 글자를 위조했다는 주장을 하였다. 일본이 4C~6C까지 한반도 남부를 통치했다고 주장하는 소위 '임나일본부설'은 이 비문의 해석과 관련이 깊다.

둘째는 영락 9년조와 10년조이다.

九年己亥百, 殘違誓與倭和通, ···倭人滿其國境, 潰破城池···十年庚子 敎遣步騎五萬, 往求新羅···倭滿其中···背急追至任那加羅, 從拔城卽歸服安羅人戌兵·······.

광개토 태왕릉비문 병신년 조항

셋째는 영락 14년조의 내용이다.

十四年甲辰,而倭不軌,侵入帶方界,(和)通殘兵□石城, □連船□□□,王
躬率往討, 從平壤□□□ 鋒相遇,王幢要截刺,倭寇潰敗,斬殺無數.

이러한 비문의 내용을 정확하게 이해하고, 변조 여부를 밝히는 작업
은 중요하다. 하지만 역시 근본적인 것은 장수왕이 왜, 무슨 목적으로 이
비를 세웠는가이다.

물론 비의 첫 구절에서 고구려인들은 자신들이 누구이며 어떠한 역할
을 할 것인가에 대해서 밝혔다.

始祖鄒牟…出自北夫餘天帝之子 母河伯女郞(북부여에서 비롯되었으며
천제의 아들이고 어머니는 하백이라는 물신의 따님이시다.)
我是 皇天之子 母河伯女郞 鄒牟王(　　　　　　)

이 말들은 고구려인들이 하늘을 숭배하고 하늘의 자손임을 선언하면
서 긍지를 지니고 자유롭게 살 것을 바라면서 뿌리를 분명하게 알려 주

고 있다. 따라서 비를 세운 목적은 옛 조선의 터〔原土〕를 회복하는 행위
〔多勿〕였고, 조상들의 신원(伸寃)을 복원하는 필수적인 작업이었다.

비는 또 놀랄 만한 크기로도 뭔가를 말하고 있다. 몸체가 높이 6.39
m이고, 한 면이 1.35m~2m인 사면의 각력 응회암이다. 크다는 것은
때로는 무의미할 수 있다. 꼭 늘 클 이유는 없다. 하지만 작아야만 할 이
유도 없다. 더구나 커야 할 것이 작다면 그건 오히려 우스운 일이다. 필
시 솟구치는 열정을 주체하지 못해서 터져 나온 힘을 그렇게 표현한 것
일까? 하늘로, 높은 곳으로, 신의 영역으로 올라가는 디딤돌로 세워 놓
은 것일까? 능비가 크다는 것은 역시 고구려가 큰 나라임을 알려 주는
것이다.

또한 위로 올라가면서 폭이 좁아지는 사각추에 가까운 형태로 솟아오
른, 비교적 거칠고 자연스러운 형태이다. 생기(生氣)가 가득 차 있어 그
자체가 완결된 존재임을 느끼게 한다. 맨 꼭대기가 뾰족하거나 반듯하지
않을 뿐만 아니라 선이 일정하지 않고, 사면을 가르는 선도 일정하지 않
다. 고구려는 터를 넓히고, 정복전쟁을 하면서 인연을 맺은 다른 피가
흐르는 사람들을 국민으로 삼았다. 피정복민의 슬픔, 분노에 떠는 광란
을 끌어안고, 이질적인 문화들을 고구려라는 용광로에 넣고 녹여야 했
다. 신(新)고구려 속에서 모두가 하나가 되어 살아가야 한다는 것을 이해
시켜야 했다. 고구려인들은 화려한 미보다는 후덕스러운 미, 무위자연
의 도를 지향하며 모두가 더불어 살아갈 수 있기를 원했을 것이다. 이러
한 세계관과 미의식이 이 비를 세운 목적 가운데 하나였을 것이다.

이 비는 고구려가 대국임을 과시하는 기념물이 아니라 모든 고구려 백
성들과 고구려를 바라보는 모든 나라들에게 고구려의 존재와 세계관, 그
리고 태왕의 아들인 장수왕의 국정 지표를 밝히는 선언문이다. 그리고
수백 년, 수천 년 후의 후손들에게 간곡하게 전하는 메시지를 담은 신령
석이다.

고구려의 역사와 문화를 알 수 있는 동북아시아 최대의 금석비인 광개토 태왕릉비

광개토 태왕릉

광개토 태왕릉비에서 북서쪽으로 300m 떨어진 곳에 광개토 태왕릉이 있다. 무덤 안쪽으로 벽돌 건물이 하나 있는데, '태왕향 조선족 소학교' 건물이다. 지금은 학교를 철수하고 건물을 기념관으로 만들었다. 그 옆으로 거대한 자갈산이 나타나고 둘레에 화강암들이 흩어져 있다. 이 자갈산이 바로 광개토 태왕릉이다. 고분 위에는 자갈돌 사이로 풀들이 삐죽이 솟아 있다.

표면에 쌓았던 돌들이 거의 없어진 자갈산이지만 원래는 장군총처럼 둘레를 계단식으로 쌓아올리고 현실을 상부에 만든 아름다운 방형계단 석실묘였다. 높이가 18m에 한 면의 길이가 66m이니 엄청난 크기이다. 동방의 금자탑이라는 장군총보다 무려 네 배가 큰 대형 고분이다. 아마 장군총처럼 7층 계단이었던 것 같다. 무덤 뒤쪽에 정호석('호분석'이라고도 한다.)이었던 5m 정도 크기의 돌이 있다. 한 면에 다섯 개씩 설치되었다고 하는데 거의 유실된 상태이다.

현실 위로 올라가면 발 밑에 개정석이 밟힌다. 눈 앞으로 압록강의 유장한 풍경이 펼쳐진다. 임강총이 보이고, 멀리서 용산 아래의 장군총도 보인다. 새로 해 단 문과 전실을 지나면 현실이 있고, 전등불을 켜서 보게 되어 있다. 현실은 그리 크지 않아(2.8×2m) 오히려 장군총보다 작다. 내부에는 관대가 있고, 한쪽에는 관에 사용된 듯한 대리석 석재들을 불규칙하게 쌓아 놓았다.

장군총이 광개토 태왕릉이라는 설이 한때 인정받았다. 현재 남아 있는 것 가운데서는 가장 아름답고 완전한 피라미드형 고분이므로 당연히 최고의 대왕이었던 광개토 태왕의 무덤일 수밖에 없다는 논리였다. 그런데 집안에는 장군총보다 더 큰 장군총류의 무덤들이 있다. 천추릉, 서대총, 태왕릉 등이다. 겉에 덧쌓았던 큰 돌들이 다 벗겨져 없어졌기 때문

광개토 태왕릉 전경. 전성기를 이룬 태왕답게 산처럼 거대한 크기로 조성되었다.

에 단순한 돌무지 무덤으로만 보이지만 사실은 장군총과 똑같은 형태의 무덤들이다. 이 왕릉 가운데 현재 광개토 태왕릉으로 추정되는 고분에서 이 글자가 있는 전(벽)돌이 발견되었다. 그 곳에는 "願太王陵安如山固如岳(원합니다. 태왕의 능이 산처럼 평안하고, 뫼처럼 단단하기를)"이라고 새겨져 있었다. 몇 가지 주장들이 있지만, 현재로선 '태왕'이란 칭호를 얻은 임금은 광개토 태왕으로 알려져 있고, 무덤의 크기나 위치 등을 고려한다면 이 고분은 광개토 태왕릉일 가능성이 매우 크다고 할 수 있다.

그런데 중국 정부가 2003년에 이르러 집안시의 유적을 발굴하고 조사하면서 역시 이 지역을 집중적으로 복원했다. 태왕릉 동쪽에 있었던 약 400호의 허름한 집들을 헐어 내고, 바로 옆에 있었던 조선족 소학교까지 강제로 옮기고 4월~9월까지 이 능을 조사하였다. 가장 중요한 발견 가운데 하나가 청동방울이다. 박물관에 전시된 모습을 보면 윗부분은 조금 부식이 되었지만, 몸체는 거의 완전한 모습이다. 왼쪽으로 돌아가며 "신묘년(辛卯年) 호태왕(好太王) 소조령(所造鈴) 구십육(九十六)"이라고 3자씩 문자가 적혀 있다. 해석하면 '신묘년(391년)에 호태왕이 은 방울을 만들었는데, 96번째이다.' 그런데 '신묘년'이란 간지는 광개토 태왕릉 비문에도 나오는 그 문제의 해이다. 따라서 호태왕은 광개토 태왕이 틀림없다.

또 하나 재미있는 발굴이 있었다. 무덤 입구의 뒤쪽으로 여겨지는 방향에서 거대한 제단터가 발굴되었다. 폭이 4~5m에 길이는 약 60m이다. 이는 능의 한 변보다 약간 짧은 거리이다. 기본적으로 능과 한 구조로 쌓은 것이다. 이 정도의 넓이와 공간이라면 백여 명이 넘는 사람들이

한데 모여 의식을 거행할 수 있다. 그리고 근처 도랑에서 금동제의 상다리가 20여 개나 발굴되었는데, 형태나 발견된 위치를 고려한다면 제사를 지낼 때 사용된 것이다.

광개토 태왕릉에서 발견된 '태왕'이라고 새겨진 전돌. '호태왕'이라고 새겨진 청동방울과 각종 유물들이 출토되었다.

장군총(동명왕릉 추정)

장군총은 국내성에서 4.5km 떨어진 용산 기슭에 자리잡고 있는데, 주위보다 높은 곳에 있어, 압록강 건너 만포와 집안시의 전경을 바라볼 수 있다.

대형 화강암을 정사각형으로 쌓아 7층으로 올린 거대한 방형계단석실묘의 원형이다. 높이가 12.4m, 한 변의 길이가 35.6m이다. 길이가 평균 3~4m의 돌들을 1100여 개 모아서 쌓았다. 장군총 축조에 들어간 화강암이 1만 9000t(5t 트럭 3800대), 흙 1만 2500t(5t 트럭 2500대), 총 동원된 인원 7만 명으로 추측된다(KBS '역사스페셜').

몸체 아래쪽에는 정호석이라는 큰 돌덩어리가 비스듬히 기대어 있다. 본래는 한 면에 세 개씩 모두 12개가 있었는데, 북면은 한 개가 사라져서 총 11개뿐이다. 어른 키의 두 배가 넘을 정도로 크고, 무게는 가장 작은 것이 15t이나 된다. 이 기묘하고 웅장한 돌은 왜 있는가?

두 개만 남아 있는 뒷쪽이 약간 뒤틀려 있고, 군데군데 무너져 내리는 것을 보면 그 돌들은 무게 때문에 무너지는 것을 방지할 목적으로 받쳐 놓은 것 같다. 하지만 공학적인 기능이 불필요한 서울 석촌동에 있는 백제의 적석총들도 작은 돌(정호석?)들을 기대 놓은 것을 보면 의미가 분명 있는 것 같다.

자연스럽게 '3'이란 숫자에 의미를 두고 상징물로 보게 된다. 7층의 계단으로 되어 있으니 결국은 3.7이란 숫자가 되고, 이는 단군신화에 나오는 수리 구조와 동일하다. 주몽신화에도 나오지만 고구려는 3이라는 숫자를 중요시하고, 별들을 신성시하면서 북두칠성에 의미를 두어 고분 벽화에도 많이 그려 넣었다. 시신을 안치한 현실은 4층과 5층 사이에 있으며 정문은 정남을 향해 나 있다. 하늘에 뜬 시신? 하늘의 자손에 걸맞는 무덤 양식이 아닐까?

장군총 전경. 중앙 사각형 공간이 관을 모셔 놓았던 석실이다.

현실 안은 한 변이 5m, 높이가 5.5m로서 거의 정사각형에 가깝다. 화강암을 잘 다듬은 관대가 관도 없이 두 개 덩그러니 놓여 있다. 천정에는 개정석이 있다. 이 현실이 고구려인들의 의식대로 하나의 세계라면 바로 하늘을 의미한다. 면적이 60여 m², 무게가 50여 t이나 되는 돌이 한 장으로서 이렇게 크다는 것도 경이롭다.

7층 꼭대기로 올라가면 하늘이 머리맡에 있다. 태왕릉, 태왕비가 보인다. 바로 뒤로 용산이 있고, 시내 쪽으로 우산도 보인다. 그 밑으로 옛날 국내성이 보인다.

맨 중심부에는 약간 부풀어오르게 하였는데, 강돌과 회를 섞어서 다져 놓았다. 로마인들도 도로를 만들 때 석회를 사용하여 다졌다. 네모진 둘레는 돌 위에 직경이 약 9cm의 구멍들이 약 5m 간격으로 20여 개의 구멍이 뚫려 있다. 어떤 구멍은 주먹이 들어갈 정도이다. 난간이 설치된 흔적이고, 고분 위에 건축물이 있었다는 증거이다.

1905년 장군총의 윗부분에서 초석(礎石)과 연화문 수막새를 포함한 고구려의 기와들이 상당수 발견되었다. 이 무덤 위와 묘역에서 회색빛 와당과 평기와의 조각들이 많이 발견되었고, 1964년에는 건축의 구조물들이 많이 발견되었다. 그러니까 이 무덤 위에는 기와를 얹은 건축물이 세워져 있었던 것이다.

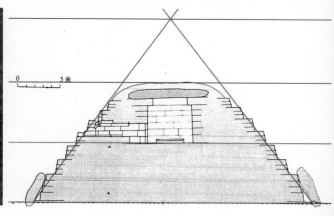

장군총 조감도 및 평면도. 장군총은 7층 21계단 3구조로 되어 있다.

피라미드나 지구라트 등처럼 독특하고 거대한 기념비적 건축물의 꼭대기에 행위 공간을 지닌 건물이 있었다. 묘실 위에 세운 기와를 얹은 목조 건물은 명칭과 형태는 어떠하든 혈(穴)로서 대혈신(隧(燧)穴神), 목대(木隧)를 안치하는 신전의 성격을 가졌으며, 제의기능(祭儀機能)을 하는 공간이었을 것이다.

고구려인들은 시조신과 하늘에 대하여 제사를 매우 중요시했다. 각성 안에 사당을 지어 조상에게 제사를 지냈다. 시조가 천손(天孫)임으로 왕들의 묘는 신앙의 대상이었다. 따라서 고분 위의 건물은 제사용일 가능성이 크다. 조상숭배 신앙이 강한 집단에서 제사권의 획득이란 계승권 및 가계 혹은 왕통 등의 정통성의 확보와 동일한 의미를 가진다.

'이 장군총 무덤에 묻힌 사람은 누구일까?' 장수왕릉설, 광개토 태왕릉설, 고국원왕릉설 등이 있었다. 최근에 장수왕릉인 것으로 알려져 있으나 근거가 없다. 중국인들이 먼저 주장했는데, 근거 없이 단정 짓고 있다.

우선 시조 묘일 가능성을 살펴보자. 주몽이 죽는 순간을 이렇게 기록하였다.

"용을 보내서 왕(주몽)을 맞이하니 왕은 홀본 동쪽 언덕에서 용의 머리를 타고 하늘로 올라갔다(遣黃龍來下迎王王於忽本東岡黃龍負昇天)."

광개토 태왕릉비의 기록이다. "대왕 3년에 황룡이 홀령(鶻嶺)에 나타났고, 40세에 돌아가시면서 용산에 장사 지냈다." 이것은 역시《삼국사기》의 기록이다. 그보다 뒤에 쓴 이규보의 '동명왕편'에는 주몽이 황룡에 업혀 승천한 후 옥채찍을 용산에 장사 지냈다고 한다.

고주몽의 무덤은 기록대로 졸본(흘승골성) 동쪽 언덕에 있어야 한다. 그런데 현지에 가 보니 환인의 오녀산에는 용의 전설이 있고, '용산'이라고 부른다. 고주몽은 거기서 용과 함께 승천했다고 전해져 온다. 최근에 중국은 환인 주변인 미창구의 '장군분(고분)'을 '주몽묘'라고 선전하고 있다. 시조 묘는 그 정치체제의 정통성을 상징하므로 늘 수도에 있어야 한다고 생각한다. 그런데《동국여지승람》이나《동국통감》에는 평남 중화부(中和府)의 용산에 주몽의 무덤이 있다고 기록했다. '전(傳)동명왕릉'으로 불리는 진파리 10호분이다. 최근에 북한은 이 무덤을 대대적으로 단장하고 옆에 정릉사지도 복원하였다. 평양에는 주몽이 드나들었다는 기린굴(麒麟窟)과 조천석(朝天石)도 있다. 수도를 옮기면 당연히 시조 묘도 이장해야 한다. 따라서 평양 근처에 주몽묘를 모시는 일은 당연하다. 이 고분도 봉토분이니 국내성 시대의 것이 아님은 확실하다.

첫 번째, 세 번째 수도에 시조 묘가 있었다면, 두 번째 수도이고 무려 400여 년 동안 수도 역할을 한 국내성에 시조 묘는 반드시 있어야 한다. 그렇다면 시조 묘는 어느 고분일까?

장군총은 우산과 용산 사이의 들판 가운데에 있는데, 사실은 용산 기슭에 있다. 국내성 동쪽 지역의 중심 장소이다. 태왕릉보다는 크기는 비록 작지만 가장 중심부에 있고, 더 정교하고 우아하고 아름다우며, 또 큰 현실을 가진 장군총이 시조 묘일 가능성이 제일 크다. 집안 현지에는 장군총을 동명왕묘로 기록하고 있었다(…在城北十五里山勢莊嚴可觀前有東明聖王墓俗稱將軍墳…). 고구려인들은 이 무덤 꼭대기에 신묘를 지어 놓고 시조에게 제사를 지내며 나라를 지켰던 것이다. 2003년 실시

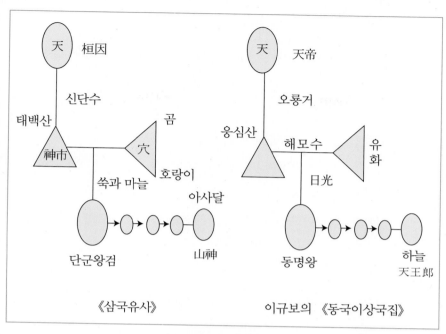

天 桓因	天 天帝
신단수	오룡거
태백산 곰	웅심산 유
神市 穴	해모수 화
쑥과 마늘 호랑이	日光
아사달	
단군왕검 →○→○→○ 山神	동명왕 →○→○→○ 하늘 天王郞
《삼국유사》	이규보의 《동국이상국집》

단군신화와 주몽신화의 비교

무덤 외벽이 무너지는 것을 막기 위한 정호석이 유독 돋보이는 장군총

된 발굴 조사로 거대한 제단의 존재가 밝혀졌다.

이처럼 장군총은 의미를 부여할 수 있는 형태와 논리 장치들을 표현한 구조들을 갖추고 있다. 장군총은 시조 묘이지만 동시에 내세에서 살아가는 일종의 궁전이었다. 또한 신들의 행위를 반복하고, 시조가 신으로 추앙받는 제사 장소 또는 신전의 역할도 함께 하였을 것이다. 고구려인들은 이 무덤 꼭대기에 신묘를 지어 놓고 시조에게 제사를 지내며 나라를 지켰던 것이다. 이 고분뿐만 아니라 많은 고분들은 꼭대기에 신묘가 있었을 것이다. 그렇다면 수도 혹은 이 지역은 거대한 성소가 되었으며, 주변의 종족들에게 이 곳은 신의 선택을 받은 신의 도시라고 선언하는 공간이었을 것이다.

장군총이 만들어진 시대는 국가가 질적으로 성장하고, 다양성의 갈등이 표출될 수 있는 시대상황 속에 처해 있었다. 고구려의 지식인들은 신논리와 신문화를 창조해야 하는 시대 정신과 정치적인 요구를 반영하여 복합적인 기능의 장군총을 만들었다. 비록 외면은 단순하며 정제된 이미지를 갖고 있지만, 조상 숭배와 건국신화(단군신화 및 주몽신화), 그리고 몇몇 신앙을 일치시키는 논리를 담고 있다. 특히나 '3'이라는 숫자로 상징된 합일의 논리는 고구려가 요구하는 시대정신이 대립적이거나 갈등의 관계인 존재들을 배제하는 안이한 방식보다는 자기 희생을 감수하면서 수용하여 합일을 이룩하는 방식임을 표방한 것이다.

천추릉

국내성의 서문을 빠져 나가 통구하를 건너 마선 쪽으로 약 3.5km를 가다 보면 나타난다. 한 변의 길이가 80~85m이고, 현재 남아 있는 높이만 해도 15m인 엄청난 무덤이다. 지금은 자갈산으로만 보이지만 원래는 사각으로 다듬은 화강암을 계단식으로 덮고, 면이 사방으로 각진

천추릉. 무덤 겉을 덮었던 화강암들은 사라져 마치 자갈 무덤처럼 보인다.

이른바 장군총과 같은 방단계제석실묘이다. 안에는 석실이 있었으나 지금은 남아 있지 않다. 주변에 석재 등이 몇 개 널려져 있지만, 겉을 덮었던 화강암들은 없어진 지 이미 오래다. 주위에는 기대어 두었던 정호석(頂護石)의 일부가 남아 있는데, 원래는 적어도 25개 이상이었을 것이다. 이 무덤은 왕릉이지만 누가 묻혔는지는 알 수 없다. 그런데 묘역에서 '千秋萬歲永固', '保固乾坤榮華'라는 글자가 새겨진 전돌이 발견됐으므로 임시로 '천추릉'이라고 부른다.

고구려 고분벽화의 특징

집안에는 고분들이 상상을 초월할 정도로 매우 많다. 그 이전 시기 고조선의 전통을 이어 받았다. 초기에는 돌을 쌓아 둥그런 모양을 만든 적석총이었다. 그러나 점차 둘레를 보다 큰 화강암돌로 네모난 형태로 쌓기 시작했다. 네모단 기단을 1단, 2단으로 높이다가 나중에는 적석무덤 전체를 네모난 화강암돌로 덮게 되었다. 이것은 초기 피라미드 형태 혹

세 유적이 일직선상에 놓여 있다.
① 광개토 태왕릉 ② 광개토 태왕릉비 ③ 장군총

은 마야 등지에서 발견된 지구라트와 유사한 형태이다. 현재는 장군총 하나만 남아 있으나 많은 무덤들이 그러한 형태를 갖고 있었다. 이후 흙으로 둥그렇게 돋워 올린 전형적인 형태의 무덤들이 만들어졌다. 4C경부터 만들어지기 시작한 이러한 무덤들은 내부에 현실이 있고, 그 현실 벽과 천장에 벽화를 그려 놓았다. 이분 벽화는 초기에 벽과 천장 등에 석회를 바르고, 그 위에 그림을 그려 넣는 수법을 사용했다. 후에는 접착제를 붙이고 벽에 직접 안료를 사용하여 그림을 그렸다. 그 당시 그려진 벽화는 1500년 이상이 지난 지금도 인공적인 훼손이 없는 한 거의 완벽할 정도로 초기 상태를 유지하고 있다.

고구려 전체에서 현재 100여 기에 벽화가 있다. 주로 평안도 지방의 평양 일대와 황해도의 안악 지방에 있고, 약 20여 기가 만주 지역, 거의

고구려 벽화는 사실적인 역동감이 있는 수렵도 같은 벽화가 있는가 하면 아름다운 꽃이나 문양, 선인을 그린 환상적인 벽화도 등장한다. 무용총 천장벽화(왼쪽), 오회분 4호 묘 널방 천장 고임 해신 · 달신 벽화(오른쪽)

집안에 있다. 평양 근처인 안악 3호분 등은 초기인 4C 중엽, 1호분은 4C 말엽의 것으로 내부도 매우 크고 벽화도 웅장하고 색채도 현란하다. 집안에서는 4C 중엽의 것이 만보정에서 발견되었지만 현재로는 각저총이 5C 초로 비교적 빠른 편이고, 그 후 장천 1호분, 무용총, 삼실총 등의 벽화 고분이 만들어진다. 이 전기의 벽그림 무덤들은 주로 방이 하나이고, 천장을 향해 벽면이 둥글게 말아 올라가는 궁륭식인 경우가 많다. 그림의 주제도 불교적 색채가 짙고, 주로 사람이나 풍속 등 인간의 삶을 구체적으로 표현한 생활도를 그리고 있다.

중기로 가면 방이 더 생기고 내부도 '말각조정식(모줄임식)'이라는 특이한 양식으로 변하면서 사신도 등이 나타난다. 그러다가 후기에 이르면 주로 사신도 등 종교적인 요소가 강하게 나타난다. 실제 생활이나 합리성보다는 의식이나 형식, 명분을 중시하고 점차 사회가 교조적으로 됨을 의미한다. 결국은 왕권이 강화되고, 권위적으로 변화하는 정치적인 분위기를 반영하기 때문이다.

고분벽화 예술의 세계관

벽화는 고구려인들의 사상과 정신성을 담고 있어 건국신화 내지 신앙과의 관련성이 깊다. 천손민족을 표방하는 고구려인에게 고분은 단순한 무덤이나 지하 공간이 아니라 넓은 의미에서 하늘[天]을 재현한 것이다. 때문에 벽화의 곳곳에서 천은 다양한 소재와 주제로서 발견된다. 성숙도를 비롯한 천계도가 그려져 있고, 하늘을 나는 새[天鳥], 새를 타고 있는 천왕랑 외에 기린마(麒麟馬), 천마·비어 등 하늘과 관련된 성수(聖獸)들이 집요할 정도로 다양하게 많이 표현되어 있다.

또한 고구려인들의 우주관·역사관 등을 표현하고 있다. 고분 안을 하나의 우주로 설정하고 축조 양식을 활용한 공간 분할을 시도하고 있다. 땅[地]의 세계와 하늘의 세계가 구분되어 있고, 각 세계를 연결하는 존재를 설정하였다. 고구려인들이 우주와 인간세계를 질서화시키고, 사물에 대한 합리적인 정신을 소유했음을 나타낸다.

그들은 주체와 대상체를 하나로 인식하는 태도를 가졌다. 벽화 속에는 인면조(人面鳥)·일각수(一角獸) 등 반수반인[神人, demi-god]의

고구려인의 기상을 엿볼 수 있는 수렵도.

현악기를 켜는 선인

존재가 다양한 형태로 등장한다. 뿐만 아니라 인간은 짐승 혹은 신을 타고 하늘을 날아다니고 있어 인간과 신의 구분이 때로는 모호하다. 또한 연꽃에서 인간이 환생하는 '연화화생도(蓮花化生圖)' 등을 곳곳에서 표현하고 있다. 신인의 존재를 설정하여 신과 인간, 자연과 인간, 짐승과 인간 등 대립적이고 경쟁적인 관계를 무화시키고 있다. 또한 신의 손이라는 자부심과 함께 물아일체(物我一體) 등 대상체(對象體)와의 합일을 지향하는 고구려인들의 우주관을 표현하고 있다.

또한 벽화는 완벽함과 이상을 추구하면서도 현실적이었음을 보여 주고 있다. 상상의 세계가 표현되어 있고, 현실 세계도 지극히 상징적이며 추상적으로 대담하게 표현하고 있다. 그럼에도 현실적인 주제가 많고, 사람과 사람들의 생활을 소재로 하였을 경우에는 극히 사실적으로 묘사하고 있다. 활이나 창 등의 무구(武具), 무사들의 모습 마사희(馬事戲)·수박희(手拍戲) 및 행렬도(行列圖)·나들이도〔外遊圖〕 등 기타 생활도라고 불리는 것들은 현실에 바탕을 둔 것이다. 이러한 모습들은 고구려인들의 정신이 관념적이지 않았으며, 현실에 대한 객관적인 인식을 바탕으로 이상을 추구하였음을 반영한다.

표현된 소재들의 공통된 특징 가운데 하나는 정지해 있는 것이 없다는 것이다. 수렵도, 씨름도, 역사 등 현실적인 주제가 화려한 색상과 거침없는 붓으로 역동성 있게 표현되었다. 인물·꽃·신수(神獸) 등의 다양한 소재들은 대부분 움직이고 있다. 사물과 사건은 운동하고 있다는 인식을 반영한다. 고구려문화의 이러한 역동성은 초기부터 나타났겠지만 유목·수렵·삼림문화 등의 역동성을 수혈 받아 더 한층 강렬해졌을 것이다.

그러나 운동의 표현들이 직선이 아닌 원·곡선·유선형으로 이루어졌음을 주목해야 한다. 심지어는 역사(力士)마저도 곡선을 주조로 처리하여 곡선의 역동성을 표현하고 있다. 이는 고구려문화의 역동성이 단순

다섯 여자의 춤 벽화

한 운동량의 증가, 힘의 과시가 아니라 정제되고 목적을 지향하는 질적으로 성숙한 역동성이었음을 알려 준다. 고구려가 단순한 군사국가가 아니라 문화국가였고, 세계국가로서 질적 성숙을 한 것은 이러한 목적을 지향하는 운동성이 충만했기 때문이다.

집안 지역의 주요 고분벽화

각저총

길림성 집안에 있다. 4C 중반의 것으로 알려져 있다. 고분 안에 역사들이 씨름하는 장면이 있어서 '각저총(씨름 무덤)'이라 하였다.

외부의 크기는 직경 15m, 높이 4m이다. 내부에는 앞방과 시신을 놓아 둔 현실이 있다. 현실의 너비는 3.2m×3.2m×3.4m이다. 천정은 위로 올라갈수록 층을 이루면서 좁아지는 구조인데, '궁륭식'이라 한다. 벽 안과 천정에 하얀 석회를 바르고 그 위에 벽화를 그렸다.

주인공 부부가 생활하는 모습이 그려져 있어 생활상을 아는 데 중요한 자료적 가치가 있다. 불교적 색채가 진하며 특히 태양새란 '삼족오'가 본격적으로 나타나고 있다. 또한 역사들이 씨름하는 장면이 있는데, 역사 가운데 한 명은 코가 매부리코로 되어 있어 그가 외국인임을 알려 준다.

오회분 4호 묘. 학을 탄 선인, 수레바퀴신 등이 등장한다.

무용총

4C 중반의 것으로 알려져 있다. 고분 안 벽화에 무용도가 있어서 무용총이라 이름하였다.

외부 크기는 직경 17m, 높이 4m의 크지 않은 봉토무덤이다. 내부에는 앞방과 시신을 놓아 둔 현실이 있다. 현실의 너비는 3.3m×3.5m×3.55m로 각저총보다 약간 크다. 천정은 위로 올라갈수록 층을 이루면서 좁아지는 구조인데, '궁륭식'이라고 한다. 벽 안과 천정에 하얀 석회를 바르고 그 위에 벽화를 그렸다. 주로 생활풍속을 그리고 있는데, 특히 남녀가 함께 아름다운 옷을 입고 춤을 추고, 각종 악기를 연주하는 그림이 있다. 또한 무사가 말을 달리며 활을 쏘면서 사슴들을 사냥하는 장면이 있는데, 사실적인 묘사와 추상적인, 적절히 조화된 수준 높은 작품이다. 현재는 무사와 사슴 부분이 많이 훼손되었다.

오회분(五盔憤) 4호 묘, 5호 묘 벽화

집안시에 있다. 무용총보다 뒤에 만들어졌고, 쌓는 방법도 다르며 벽화를 그리는 수법이라든가 내용도 다른 고분이 바로 집안에 있는 오회분의 4호 묘와 5호 묘이다.

4호 묘는 둘레는 160m, 높이 8m이다. 전형적인 말각조정양식(모줄임 양식)으로서 현실이 하나이다. 현실의 크기는 4.2m × 3.68m × 3.64m(높이)이고 사면과 천장 및 현실로 들어가는 연도(길)에 벽화가 있다. 집안에 있는 벽화 고분 가운데서 5호 묘와 함께 가장 화려하고 예술성이 높으며, 고구려인의 뚜렷한 세계관을 표현하고 있다. 내부에는 사신 및 해신, 달신, 야철신, 제륜신, 농사신, 불의 신 등 다양한 신들이 있으며, 그 외 수십 마리의 용들이 그려져 있고 천장에는 황룡이 있다. 고구려인들의 자의식과 자유로운 정신, 활달한 기상을 표현하고 있다. 또한 보존 상태가 가장 양호하다.

5호 묘는 4호 묘 곁에 있는데, 돈 주고 들어갈 수 있는 유일한 벽화 관광지이다. 다듬은 화강암돌들로 주변을 정리하고 철문으로 입구를 막아 관리하고 있다. 한때는 폐쇄되기도 하였으나, 지금은 옆에 전시실을 마련했고, 실물 내부도 공개하고 있다. 인공으로 만든 전실을 지나 연도(이음길) 사이를 통과해 현실로 들어간다. 사람들은 그 연결 통로 사이에도 벽화가 있는 사실을 잘 모른다. 묘실은 너비가 4.37m, 남북 길이가 3.56m의 장방형이며, 높이는 3.94m이다. 묘실 바닥에는 세 개의 관대가 놓여 있다. 주인과 본부인, 그리고 나머지 하나는 작은부인의 관을 놓았던 곳이라고 추정한다. 두 개는 한 덩어리의 돌로 되어 있는데, 다른 하나는 한 쪽 끝 부분을 다른 돌로 이어 붙였기 때문에 그런 해석들을 내리고 있다.

온통 벽화로 채운 무덤 안은 한눈에도 신들의 세계란 생각이 들 정도로 신령스럽고 종교적인 분위기가 압도한다.

벽에는 이러한 사신 같은 정치적이고 종교적인 의미가 매우 깊은 상징적인 존재물 외에도 고구려인들이 실제 생활하는 것과 관련 있는 신들을 많이 표현했다. 드러낸 종아리의 발에는 마치 서역인들처럼 신발코가 솟구쳐 오른 신발을 신고 끝이 여러 갈래로 갈라진 하얀 옷을 걸치고 검은 마차 바퀴를 굴리려는 신이 있다. 제륜(製輪)의 신이다. 고구려 병사들

오회분 4호 묘의 야철신(대장장이)

은 그가 만든 바퀴 달린 전차를 타고 싸움터에 나갔을 것이다. 신단수로 보여지는 나무 밑에서는 대장장이신이 새까맣고 단단해 보이는 망치를 들고 무언가를 두드리고 있다. 고구려인들이 철을 잘 다룬다는 사실은 이미 잘 알려져 있다. 대장장이들이 일하는 능력에 따라 그 해 곡식의 수확량이 영향을 받았고 싸움터에서의 승부가 결정되었다. 그만큼 고대사회에서 대장장이의 역할은 절대적이었다.

그런가 하면 노란 천의를 걸친 불의 신(수인씨, 燧人氏)이 손에 붉은 불길을 들고 고개를 젖힌 채 뒤를 보며 날아가고 있고, 그 바로 앞에서 신농(神農)씨라고 말하는 소머리에 사람 몸을 한 농사신이 흰 옷을 휘날리며 겅중겅중 뛰어가고 있다. 보폭이 넓은 데다가 시꺼멓게 탄 장단지의 근육 아래로 구름이 흩어지고 있어 마치 나는 것 같다.

아쉬운 것은 그림들이 많이 상해서 보기 흉할 뿐 아니라 여기저기 얼룩이 져 있다. 여름이기 때문에 물방울이 맺히는 결로현상은 어쩔 수 없다지만 곰팡이들 때문에 안료가 침식했고, 남쪽 벽이나 천장은 이른바 칼슘카보나이트층이 두텁다. 사람들이 무작정 드나들다 보니 이산화탄소도 발생할 뿐 아니라 세균들이 침범하기 때문이다.

우수인신(牛首人身) 신농씨의 눈은 야광석이므로 전등불을 비추면 밝게 빛나면서 어둠을 쏘고 다닌다. 원래는 벽에 그려진 용들의 눈 등에도

삼실총의 개마무사 전투도.

커다란 보석들이 박혀 있었지만, 중국인들이 다 빼가고, 이젠 용 그림에
는 구멍만 꺼멓게 뻥 뚫려 있다.

삼실총

　길림성 집안에 있다. 4C 중반의 것으로 알려져 있다. 무덤의 내부가
세 개의 방으로 되어 있어서 '삼실총'이라 이름을 지었다. 내부 무덤 칸
은 제일 안쪽 것이 2.0m × 2.5m × 3.3m이다. 내부 벽과 천장에 하얀 석
회를 바르고 그 위에 그림을 그렸다. 생활풍속에 관한 그림이 있는데,
특히 무장을 한 고구려 무사 및 무덤을 지키는 역사가 역동적인 모습으
로 그려져 있다. 또한 사신이 본격적으로 나타나기 시작한다. 사신이란
후기 고구려 벽화의 중요한 주제가 되는 그림인데, 전설적이고 신성한
네 마리의 동물을 말한다.

장천 1호분

　집안시에서 떨어진 장천에 있다. 몇 개의 고분군 중의 하나이다. 5C
중엽의 것으로 방추형인데, 올라가다 위를 잘라버린 듯한 외모이다.
　크기는 둘레가 88.8m이고, 높이는 6m이다. 두 개의 방으로 되어 있

장천 1호분 벽화. 양산 쓴 여인, 수렵도, 개, 말, 놀이 등 많은 그림이 그려져 있다.

는데, 현실의 크기는 3.2m×3.3m×3.05m이다. 생활풍속에 관하여
가장 상세하고 화려하게 그려진 고분이다.

공놀이 등 다양한 놀이는 물론이고, 곡예나 춤을 추는 장면들이 그려
져 있다. 사냥하는 그림이 있고, 승려와 함께 연꽃 그림이나 예불도가
그려져 있어 불교적인 색채가 얼마나 강한가를 보여 준다. 그 외에 사신
도 등도 있다. 하지만 안타깝게도 1996년에 벽화 전체가 도굴당했다.

모두루무덤

집안시 외의 동쪽 외곽인 하해방촌(下解放村)에 있다. 1935년, 일본
학자가 발견하였는데, 묘실 입구 위에 먹으로 씌인 글 가운데 '모두루'
라는 이름이 있어 '모두루 무덤'이라고 부르기 시작했다. 묻힌 사람이
염모이기 때문에 '염모묘'라고 주장하는 학자도 있다. 가로 세로로 줄을
그어 모두 79줄을 긋고, 줄마다 10자씩 800여 자에 달하는 묘지명(墓
誌銘)을 썼다. 판독할 수 있는 350여 자를 통해 고구려의 건국 과정과
신화, 그리고 북부여 지역에 영토를 가졌다는 사실들을 알 수 있으며,
추모와 모두루의 업적을 소개하고 광개토 태왕의 죽음을 슬퍼한다는 내
용도 알려 주었다. 광개토 태왕릉 비문의 기록과 일치하는 부분이 많아
이러한 내용들이 당시 고구려인들의 공통된 인식이었음을 알려 준다.

신들과 사람들의 나라

- **청룡** : 좌측 혹은 동쪽 벽에 그려진 용임. 주로 청색을 띠고 있다.
- **백호** : 우측 혹은 서쪽 벽에 그려진 호랑이임. 주로 백색을 띠고 있는데 백호는 아주 상서로운 짐승이다.
- **주작** : 남쪽 혹은 아래쪽에 그려진 새 형태의 상서로운 동물. 주로 붉은색을 띠고 있다. 굳건한 현실 의지와 하늘로 날려는 절실한 이상을 표현하고 있다. 그런데 남쪽은 주로 무덤 현실 입구에 해당하기 때문에 보존 상태가 좋지 못하다.
- **현무** : 북쪽 혹은 위쪽에 그려진 거북이 형태의 상서로운 짐승. 주로 검은색을 띠고 있다.
- **황룡** : 천장 및 중앙에서 왕을 나타내는 경우가 많으며, 황색을 띠고 있다. 고구려는 건국신화부터 해모수나 주몽 등이 용과 밀접한 관련을 맺고 있다. 주몽의 아버지인 해모수는 오룡거를 타고 하늘과 인간세상을 오고 갔으며, 주몽은 하늘이 보낸 용의 머리를 타고 하늘로 올라갔다(광개토 태왕비). 돌아가신 후에 용산에 장사지냈다《삼국사기》. 황룡에 업혀 승천한 후에 옥채찍은 용산에 장사지냈다(동명왕편).
- **태양신** : 얼굴은 남자, 몸은 뱀으로 그려진 신으로서 삼족오가 들어 있는 태양을 손으로 받쳐 들고 있다. 중국신화에 나오는 '복희'를 표현한 것이라고도 한다.
- **달신** : 얼굴은 여자, 몸은 뱀으로 그려진 신으로서, 달동물(runar-animal)인 두꺼비가 들어 있는 달을 손으로 받쳐 들고 있다. 중국신화에 나오는 '여와'를 표현한 것이라고도 한다.
- **농사신** : 소 머리에 사람의 몸을 하고 있다. 하얀 옷을 걸치고 손에는 곡식 이삭을 들고 있다. 중국신화에 나오는 '신농씨'를 표현한 것이라고도 한다.

- **제륜신** : 바퀴를 만들고 있는 신. 철학적 의미를 가지고 있으나 현실적으로는 당시 수레나 전차가 중요했음을 알려 준다.
- **야철신(대장장이신)** : 철을 제련하고 철기를 만들고 있는 대장장이 신. 철학적 의미를 가지고 있느나 현실적으로는 당시에 철기를 다루는 일이 매우 중요했음을 알려 준다.
- **마석신** : 검은 갈돌 앞에서 일을 하고 있다. 돌을 가는 일을 하는 신.
- **불의 신** : 불씨를 돋우고 불을 관리하는 신. 오른손에 불꽃을 담고 있다.
- **삼족오** : 태양새, 불새이다. 산해경(山海經)부터 나타나기 시작하여 《회남자》 '정신훈편'에 분명한 모습으로 설명되어 있다. 중국 지역에서도 나타나는데 대부분은 발해 연안의 석묘계 고분에서 출토되고 있다. 삼족오는 까마귀이기 때문에 태양을 의미한다. 해모수 · 동명(東明) 등 부여와 초기 고구려왕들의 성인 해(解)씨는 해를 상징한 것이다. 그래서 '日月之子'라고 스스로 말하고 있다. 따라서 벽화에 등장한 일신(日神) · 월신(月神) 등은 해모수나 주몽, 유화 부인를 상징한 것이다. 삼족오는 해 외에도 다른 철학적 이치를 상징하고 있다. 다리가 3이고 날개가 2이고 머리가 1로서, 결국은 3의 원리를 상징하는 새이다. 3은 조화와 안정을 의미하는 숫자이다. 그러면서도 움직이고 진보를 추구하는 변증법적 논리를 상징하고 있다. 그래서 고조선이 숭앙했고, 고구려인들도 좋아했다.
  - **비천상** : 하늘을 나는 선인과 신들.
  - **비어(飛魚)** : 하늘을 나는 고기.
  - **일각수(一角獸)** : 머리에 뿔이 달린 짐승.

국동대혈(國東大穴)

 집안시에서 압록강을 낀 대로를 따라 동쪽 5km 지점에 하해방촌이 있다. 여기서 동쪽으로는 북한의 만포로 건너가는 철교가 이어진다. 마을 입구에는 '국동대혈'이라는 표지판이 나타난다. 그 곳에서 좁은 길을 따라 산 속으로 들어가면 큰 동굴이 나타난다. 입구가 동남방이고, 높이는 10m, 폭 25m, 깊이 20m나 되는 내부에 200여 평의 공간이 있어 종교적 행사를 치르기에 충분하다.

 이 동굴에서 100여 m를 오르면 높이가 6m, 폭 20m, 깊이 6m의 규모인 통천동(通天洞)이 있다. 안에 큰 거북 모양의 돌은 수신을 맞이하는 곳으로 추측된다. 굴 중앙에 '수신(隧神)'이라고 쓴 돌기둥이 있는데, 최근에 만든 인공 조각이다. 동굴 내는 평평하여 많은 사람들이 모일 수 있는 공간이 있다. 《후한서》 '동이전'에는 "10월이 되면 나라 사람들

유화 부인에게 제사를 드리던 신전인 국동대혈

이 크게 모여 하늘에 제사를 지내며 잔치를 베푸는데 이를 '동맹(東盟)'이라고 한다."라고 쓰여 있고,《삼국지》'동이전'에는 "나라 동쪽에 큰 동굴이 있는데 이를 수혈(隧穴)이라고 부르며 10월의 국중대회에서 수신(隧神)을 맞아 나라 동쪽에서 제사를 지내는 곳이다."라고 했다.

집안박물관

박물관은 국내성 동쪽에서 북쪽으로 조금 올라간 곳에 위치해 있다. 박물관의 규모나 소장품의 수는 왜소하지만 고구려의 역사를 이해할 수 있는 공간이다. 박물관은 1958년에 설립되었으며, 부지 327평에 건평 195평으로 소규모이다. 건물은 세 칸으로 나뉘는데 가운데에 정청(正廳)이 있고, 그 동쪽에 동청(東廳), 서쪽에 서청(西廳)이 있다.

최근에 다시 수리해서 개관했는데, 기본 구조는 같다. 박물관 안으로 들어서면 동북공정을 추진한 의도는 물론이고, 그 결과가 어떤 것인지를 쉽게 눈치챌 수가 있다.

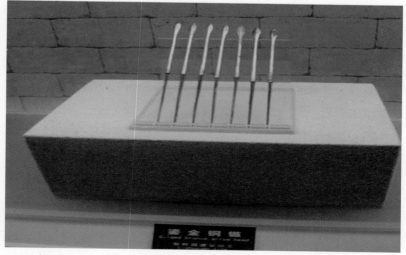

집안박물관에 전시되어 있는 고구려 화살촉 유물

국내성에서 발견된 유물 쇠단지

가운데 방인 정청에 들어가면 우선 안 벽 전체를 차지한 광개토 태왕
릉비 탁본이 입장객들을 반긴다. 이 방에는 광개토 태왕에 관한 것을 전
시해 놓았는데, 일제 때부터 찍었던 광개토 태왕비 사진과 책, 그리고
연구 자료들이 전시되어 있다.

정청에서 문을 하나 더 지나면 서청인데, 이 곳에는 집안에서 발굴한
농기구 · 병기 · 각종 생활 도구를 비롯하여 석기 · 옥기 · 금동기 · 동
기 · 철기 · 토기 따위의 출토품이 전시되어 있다. 입구에 있는 동대자
모형도 볼 만하다.

기념품 가게에는 여러 가지 탁본, 벽화 모사도, 기념품 등이 있는데
광개토 태왕비 모형이나 광개토 태왕릉, 천추릉의 기와 마구리 탁본 같
은 것은 직접 탁본한 진본이므로 살 만하다.

동대자유지(東臺子遺址)

국내성의 동쪽 0.5km 지점 만도리(彎道里) 철로변(통화 - 집안) 구릉
에 승리 시멘트 공장이 있다. 이 구릉은 동서가 50m, 남북이 150m나

되는 황토 지대로, 이 곳이 곧 고구려의 대표적인 건물지로 확인된 동대 자유지이다.

1958년 4~7월에 발굴·확인된 이 건축지는 와당의 규모나 형태로 보아 왕궁이나 국사지일 가능성이 크다. 건물 기초는 돌과 황토를 섞어서 층층이 다진 뒤 그 위에 기춧돌을 질서 있게 배열하였으며, 잘 다듬은 회랑의 주춧돌 밑에는 조약돌을 깔았다. 첫 번째 방에는 온돌이 있다. 이미 1500년 전부터 생활화되어 있었다는 사실을 미루어 짐작할 수 있다. 여기서 발굴된 초석(楚石)과 석주(石柱) 등은 집안박물관 입구에 보관되어 있으며, 와당편은 박물관 전시실에 진열되어 있다.

채석장 유적

집안을 떠나 통화 방향으로 23km 정도 가면 '녹수교(綠水橋)'라는 다리가 나온다. 이 일대는 산세가 높고, 산림이 우거져 있는데, 고대 채석장이라는 표지판이 있다. 1981년 채석공들이 큰 돌에 구멍이 뚫린 흔적을 발견했고, 이를 전문가들이 검토하여 고구려 때 세운 장수왕릉과 통구무덤 떼의 석실에 쓴 것과 일치함을 발견했다. 1400~1500여 년 전 고구려 때, 이 곳에서 돌을 캐내 국내성과 궁실 그리고 무덤 등을 축조하였다.

녹수교 채석장 유적

채석장은 길이가 약 100m, 폭이 100m, 면적은 10만여 m²에 달한다. 아직도 돌 위에 정 자국이나, 돌을 떼 낸 자리가 뚜렷하게 남아 있다. 5호 묘에 그려진 대장장이신은 바로 이러한 돌을 잘라 내는 정과 망치 등을 만들어 냈던 옛 고구려인들의 화신(化神)이라 할 수 있다.

고구려 석인상(石人像)

집안박물관에서 북쪽, 동산(東山) 중턱에 거의 무너진 고구려 적석묘가 흩어져 있고, 주변에는 돌조각이 널려 있다. 이 부근에는 넓적한 판석이 있는데, 그 표면에 사람의 얼굴이 음각되어 있다. 그림은 위아래 길이가 104cm, 너비 54cm로 실제 사람 크기가 비슷하다. 그런데 최근에 이 그림이 윷판이라는 주장도 있다.(김일권)

압록강 선창 유적

압록강은 고구려의 한가운데를 관통하는 수로였다. 황해바다에서 하구를 거쳐 단동(丹東, 우리 쪽은 신의주)을 지나 쭉 거슬러 오면 환인을 지나온 혼강과 만난다. 계속해서 올라오면 집안이다. 여기보다 더 상류에 있는 임강까지 배가 올라다녔다고 한다. 발해의 사신들도 당에 갈 때는 이 물길을 이용하곤 했다.

고구려는 강변에 가까이 있는 국내성 남벽에 가공한 돌을 쌓아 부두 시설을 만들어 놓았다. 지금도 배들을 정박해 놓은 집안항의 부두가 바로 그 곳인데, 약 30여 m 정도만 남아 있다.

압록강은 국내성을 유지하고 지켜가는 데 중요한 역할을 했다. 마치 대동강이나 한강이 평양성과 한성을 방어하는 거대한 해자 기능을 했던 것처럼 국내성을 지켜 주었다. 적의 공격을 막기 위하여 강 안쪽 곳곳에

성과 보루를 쌓았다.

압록강은 서한만(西韓灣)을 통해 해양으로 진출하는 출구이며 동시에 바다에서 들어오는 입구이다. 해양교통의 십자로인 서한만을 장악하면 황해 북부의 해상권에 강력한 영향력을 행사할 수 있다. 또한 크고 작은 강들을 거슬러 올라가면 광범위하게 퍼진 하계망(河系網)을 이용하여 내륙의 상당한 지역에 영향력을 행사할 수 있다. 즉 정치적으로 내륙 통합의 계기를 마련하고, 경제적으로 물류 체계를 원활하게 하여 경제권을 형성한다. 또한 압록강 하구는 중국 지역에서 고구려로 오기에 가장 적합한 노철산 항로(老鐵山 航路)의 종착점적인 성격을 가지고 있다. 해상 이동 거리가 짧고, 일단 상륙한 다음에는 수도까지 거리가 짧고, 수륙협공 작전이 용이하다. 만약 압록강 이남의 해안 지대 등으로 상륙을 허용할 경우에는 배후에서 협공당할 우려가 다분히 있다.

고구려는 압록강과 서한만의 이러한 군사전략적 가치를 초기 단계부터 인식했던 것 같다. 태조 대왕 94년(146)에 서안평을 공격했다. 후에 동천왕 16년(242)에 다시 서안평을 공격하였다. 손권의 오나라와 몇 번에 걸쳐 사신을 교환하였으며, 일종의 교역도 하였다. 마침내 미천왕 12년(311)에 서안평을 점령한 후, 본격적으로 서해안에 진출한다. 그 후 압록강은 고구려의 적극적인 해양활동과 관련하여서 국가정책 및 군사 전략 방어 체제 등의 비중이 더욱 더 높아졌다. 그 후 해양전이 본격적으로 벌어진 수·당과의 전쟁은 이 지역에서 격렬한 공방전이 펼쳐졌다. 648년 당군은 산동 북부의 래주를 출발하여 바다를 건넌 다음에 압록강 하구에 닿았다. 이때 압록수에 들어와 100여 리를 지나 박작성에 이르렀다고 한다.

따라서 압록강 변에 구축한 군사시설은 방어(防禦)와 진출(進出)이라는 이중의 목적을 실현하기 위한 것이었다. 따라서 성의 기능과 위치 등은 이러한 이중의 목적을 염두에 두고 구축되었음을 전제로 이해해야 한다.

03

압록강 하류 지역의 역사와 유적 단동

압록강 하구에 위치한 단동은 오랜 세월 동안 대륙과 해양의 출입구 역할을 해왔다. 단동은 우리
나라와 중국 사이에 위치해 있어서 주변 정세에 따라 매우 민감한 곳이다. 박작성 앞을 흐르는 압
록강 왼쪽은 북한 지역이다. 이 앞에는 '한 보 넘음'이라는 비가 있다. 한 발자국만 건너면 북한
지역일 정도로 가깝다는 뜻으로 세운 비이다. 북한 군인을 가장 가까이에서 볼 수 있는 장소이기
도 하다.

고구려 산성과 해양 방어 체제

ㅁ⊈⊡⅃✦ ⁓

압록강은 백두산 천지에서 발원해 중국과 국경을 이루며 단동에서 황해로 빠진다.
만주의 패권을 차지하기 위해 많은 나라들이 압록강을 넘나들며 전쟁을 치렀다.

고구려는 성에서 시작했고 성에서 운명을 다한 나라이다. 심지어는 고구려라는 명칭이 성을 뜻하는 '구루'에서 나왔다는 설도 있을 정도이다. 《삼국사기》나 《구당서》에는 176개의 성이 있었다고 한다. 그러나 현재까지 알려진 숫자만 해도 크고 작은 것을 합해서 200여 개가 넘는다. 고구려성들은 만주 일대를 비롯해서 서해안 일대, 동해안 일대 그리고 한강 유역과 중부 내륙에 퍼져 있다. 북한에는 41개(산성은 33개)가 확인되었고, 중부 지방(경기, 강원, 충청)에도 20여 개가 있다. 그 외에 동몽골 쪽과 대흥안령산맥, 외몽골에도 고구려 산성이 있다는 주장들이 있다. 하지만 더 많은 방어 체제들이 있었고, 앞으로 더 발견될 가능성은 매우 크다.

성 안에는 성주나 관리들이 거주하고, 군사들이 주둔한다. 백성들도 일부가 성 안에서 살고, 예술가들도 살면서 예술활동을 한다. 대장간에서는 대장장이

압록강 하류 및 만주 지역 지도

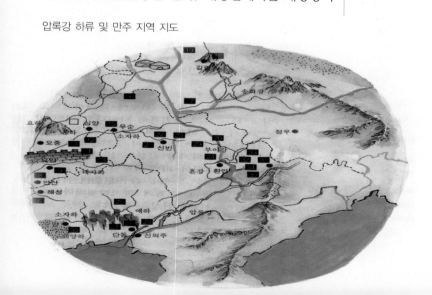

들이 풀무질을 하고, 무기와 농기구들을 만들어 팔기도 한다. 시장을 열고 교역을 한다. 그래서 성 안이나 근처에서는 고대 화폐들이 발견된다. 고구려에게 성은 정치공간이고 생활공간이고 경제공간인가 하면 문화공간이기도 하였다. 요동 지방의 성들은 농경지를 확보하고 주변의 농민들을 보호하는 행정도시 역할을 하였고, 길림 북방의 성들과 연해주 일대의 성들은 유목민이나 수렵민들과 공존하면서 농경을 겸하고, 성 중심의 통치 체제를 확립할 목적으로 쌓았다.

건국한 초기에는 주로 수도권을 방어할 목적으로 혼강 유역과 압록강 중류의 주변 지역, 그리고 수도권을 둘러싼 산악 지방에 성을 쌓았다. 점차 동서로 팽창하면서 두만강 하구와 요동 가까이에도 견고한 성들을 쌓았다. 남쪽에는 한강 가의 아차산 보루, 임진강 한탄강 가의 보루들, 그리고 음성의 망이산성, 충주의 장미산성, 대전의 월평동(月坪洞) 산성 등을 쌓았다.

압록강 하류 강변 방어 체제

서안평성(西安平城)

현지에서는 애하첨고성(靉河尖古城)으로 불린다. 수군의 공격을 사전에 방어하고, 해안선을 따라서 가는 적들을 공격하는 고구려군의 방어 체제를 총괄하는 전략 사령부 역할을 하였을 것으로 판단된다. 바로 가까이 위치한 박작성과 깊은 연관을 맺으면서 공동작전을 수행한 것으로 추정된다. 평면이 네모꼴이며 북쪽 담은 길이 400m, 동쪽은 500m, 남쪽 담은 60m가 남아 있다. 서쪽은 애하(靉河)에 의해 훼손되었다. 성 내부에서 '안평락미앙(安平樂未央)'이란 와당이 발견되었다. 또한 안평성(安平城)이란 문양이 새겨진 도기의 입부분이 발견되었다.

구련성(九連城)

단동에서 차를 타고 북동 방향으로 15분 정도 가면 '구련성교(九連城橋)'라는 다리가 나타난다. 구련성은 아홉 개의 성이 이어져서 강을 바라보면서 하나의 방어 체제를 구축하고 있었다고 한다. 고구려 시기에 축조되었는지는 알 수 없지만 후대까지 구련성은 중요해서 조선 시대 지도에도 표시가 되어 있었다. 호산장성이 박작성이란 사실이 밝혀지기 전까지는 구련성을 박작성이라고 보는 견해가 많았다.

박작성(泊灼城)

관전현 호산진 호산촌(寬甸縣 虎山鎮 虎山村)에 있다. 현재는 명나라의 장성인 탑호산성(塔虎山城)이 있다. 박작성은 고구려와 당나라 사이에 벌어진 전쟁에서 자주 등장하는 성이다. 그 후 발해로 들어가는 입구에 해당하는 장소였다. 648년에 당군이 침입할 때 수군 3만을 거느리고 래주를 출발하여 압록수에 들어와 100여 리를 지나 박작성에 이르렀다. 고구려의 성주 소부손(所夫孫)은 기병을 거느리고 저항을 하다가 무너졌다. 이때 박작성은 산을 의지하여 요새를 구축하였고, 압록수(鴨淥水)가 가로막아 견고하였다.

중국은 '호산장성'이라고 부른다. 이 곳이 만리장성의 시작이라며 동북공정의 깃발을 펼치고 있다. 그런데 이 곳은 고구려 박작성이 있던 곳이다.

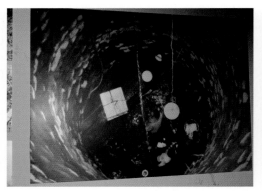

우물 발굴 당시 모습과 중국 당국에 의해 메워져 잡풀이 무성한 우물터. 성벽 밑이 우물 자리이다.

1990년부터 발굴을 시작하여 석벽 500m를 발견하였는데, 커다란 돌로 쌓은 우물이 발견되었다. 입구의 직경이 4.4m, 우물 바닥은 지면으로부터 23여 m이다. 우물 깊이는 13m이다. 내부에서 길이 3.7m의 목선과 함께 몇 개의 나무노가 출토되었다. 고구려 시대의 유일한 목선이 발견되었다.

지금은 명나라 장성의 동쪽 끝이라고 하여 웅장한 형태로 복원하면서 고구려와 관련된 모든 유적들을 없애 버렸다. 전시관의 바깥 산비탈에는 고구려 박작성의 성벽과 우물의 잔해들이 풀숲에 가려져 있다.

대행성(大行城)

단동에서 남쪽으로 20여 km 내려오면 랑두진(浪頭鎭) 마을이 있다. 이세적은 668년의 설하수(薛賀水) 전투에서 이긴 후에 대행성으로 진격하였다. 이긴 후에 모든 군대가 압록책에 이르러 고구려군과 큰 싸움이 벌어졌으나 당군은 이를 격파하고 200리를 진격하여 욕이성(辱夷城)을 함락시켰다고 한다.

서안평인 애하첨고성. 이 성은 사라지고 표지석만 밭 한가운데에 세워져 있다.

일본군이 만주 침략 시기에 건설했던 압록강 철교는 한국전쟁으로 다리가 끊겼다. 오늘날 북한과 중국은 구철교 옆에 신압록강 철교(오른쪽)를 건설해 교류하고 있다.

04

해양과 대륙의 교역로 요동반도 남다

요동반도는 해양 질서와 관련하여 동아시아에서는 매우 의미가 있는 곳이다. 실제적인 무력 충돌과 정치력의 대결 장소가 화북과 남만주 일대라면 자연히 해양 질서의 중심도 요동반도와 깊은 관련이 있다. 황해의 북부에서 혹은 환황해권에서 교역 등을 하고자 할 경우에 반드시 거쳐야 할 곳이 요동반도이다.

요동반도

요동반도는 요녕성의 동남부에 있으며 서남 방향으로 뻗어 발해(渤海)와 황해(黃海)를 나누고, 산동반도와 서로 마주보고 있다. 육지는 동과 서로 각각 산악지형이 있고, 그 가운데 평원이 펼쳐져 있는데, 바로 이 곳이 만주와 화북을 갈라 놓는 땅이다. 따라서 한족은 서쪽에, 고구려는 동쪽에 있었고, 이 지역에는 북방 종족들이 번갈아가며 살고 있었다. 물론 그 이전 시대에는 고조선이 있었다.

중국 내에서도 광산자원이 매우 풍부한 곳이다. 안산제철소는 세계적으로 유명하고, 안시성 근처인 해성에는 마그네슘 광산이 있다. 고구려가 강성한 원인 가운데 하나로 요동 지방의 철을 들고 있다. 북쪽인 유목민족들과 초피(담비가죽) 교역과 마철교역을 하였는데, 물론 이때 철 생산은 주로 이 지역에서 생산된 것이다.

□□□□1

지형적으로는 비교적 평원이지만 중부에는 해발 500~1000m의 .구릉과 산지가 있다.. 반도의 양쪽 해안 지대에는 역시 평원이 발달하였다. 동북은 비교적 온난하고 비가 많아 일년의 평균 강수량이 700~1000mm이어서 옛부터 농경과 과일 재배에 적합한 곳이었다.

요동 반도 남단 지도

반금 · / 요양 · 요동성 ▲ / ▲ 백암성(연주성)
대능하 / 고려성 ▲ / 태자하
· 안산
· 해성
고려성자 ▲
영구 · / 안시성(영성자성) ▲
소자하
수암 ·
· 건안성 / 낭랑산성 ▲
용담산성(득리사산성) ▲ / 장하
보란점 ▲ / 벽류하 성산산성(석성) ▲ ▲
외패산성(오고성) ▲
▲ 비사성(대흑산산성)
· 대련

요동반도는 반도인만치 바다와 직접 맞닿아 있으며 리아스식 해안으로 이루어져 있어 복잡하다. 특히 동남부에는 항만과 도서가 발달하였다. 장산군도가 있고, 산동반도와의 사이에 크고 작은 섬들로 이루어진 묘도군도가 있다. 요하 대릉하 등 만주의 중요한 강들이 거의 대부분 이곳으로 흘러 들어온다. 때문에 섬들이 많고, 수륙교통에 편리하다.

백암성(白巖城)

요양시 동쪽 30km 등탑현 연주성촌(燈塔縣 燕州城村)에 있다. 중국에서는 연주성(燕州城)이라 부르는데 백암성이다. 북쪽에 개모성, 서쪽에 요동성(요양), 남쪽에 안시성이 있다. 성 앞으로 태자하(太子河)가 흐

성곽이 무너지는 백암성과 평면도

르고 있다. 백암성은 서쪽 성벽은 대부분 파괴되었고 북쪽과 동쪽만이 남아 있다. 5m 정도의 높이로 잘 쌓은 북벽에는 안팎으로 돌출시킨 치가 다섯 개나 남아 있다. 이 치의 아랫부분은 견고하게 할 목적과 아름다움을 동시에 추구한 굽도리양식이 완벽하게 남아 있다. 정상 부분에는 내성이 있고, 그 안에 점장대가 있다. 그 바로 밑으로 까마득한 절벽이 있고, 그 아래에는 태자하가 요동만을 향해 흐르고 있다. 《구당서》(권 199, 상)에 "이 성은 산을 등지고 물가에 바짝 닿아 사면이 험하고 가파르다."고 하였다. 하지만 백암성은 645년 당 태종군이 요동성을 점령한 후에 공격을 개시하자 성주인 손대음이 항복으로 적의 수중에 떨어졌다.

안시성(安市城)

안시성은 요동방어선의 가장 중요한 성으로, 당 태종의 친정군과 90 일간을 싸운 끝에 승전을 거둔 대성이다. 해성(海城)의 영성자(英城子, 營城子)성으로 알려져 있다.

이 성은 산의 능선과 골짜기를 활용해서 쌓은 고로봉형 산성이다. 정

백암성 전경. 군데군데 무너져 내린 성곽이 보여 안타까움을 더하고 있다.

안시성 정문

안시성 위치와
평면도

문은 서문인데, 그 앞에 '영성자성'이란 표지판이 있다. 무너진 성벽은
토성으로 되어 있다. 부분 부분 판축을 쌓은 토성이지만 곳곳에는 석축
과 무너진 돌이 쌓여 있는 것으로 보아 필시 토석성이었을 것이다. 전체
길이는 4km에 불과하고 성의 내부는 동서 1km, 남북 0.5km 정도이
며 지금은 조그만 마을과 과수원이 있다. 동남쪽의 정상에는 점장대가
있는데, 석벽 시설은 보이지 않는다. 다만 동남쪽으로 보이는 언덕을 당
태종이 쌓은 토성 흔적이라고 하는데, 근거는 없다.

건안성의 북벽과 내부 전경

건안성

　건안성은 요녕성 영구시 개현 청석령향에 있다. 비사성 석성과 함께 요동반도 해양 방어성의 주요 3거점 가운데 하나이다. 적어도 전장이 요동반도이고 요하전선이 주전장이라고 할 때, 건안성은 오히려 비사성 보다도 더욱 중요한 해양 방어성이 된다. 당 태종이 안시성을 공격할 때에도 중요한 역할을 담당하던 성이다. 그런데 초기에 쌓은 천리장성의 종점이 건안성 아래 지역인 영구(營口, 蓋縣) 지역에 있다는 주장도 있다.

비사성

　금현의 금주 시내에서 동북으로 20km 떨어져 있는 우의향 팔리촌의 동쪽인 해발 663m의 대흑산 위에 있다. 때문에 현지에서는 '대흑산산성'이라고 부른다. 사료에는 '비사성(卑奢城)', '비사성(卑沙城)', '사비성'으로 기록되어 있다.

비사성은 요동반도 남단이고 금주만, 대련만, 묘도군도와 만나는 곳에 있으므로 해양 전략적으로 매우 중요한 위치에 있다. 요동반도의 남부 해안으로 적의 수군이 상륙하는 것을 저지하는 기능이 있다. 645년에 장량(張亮)이 이끄는 수로군은 등주(登州, 현재 봉래시)를 출발해서 비사성을 공격하기 시작한다. 정명진(程明振) 등이 야간에 서문으로 급습해서 결국은 점령당하였다. 그 해 여름에 벌어진 전투에서 고구려군은 8000명이 전사했다.

산성은 전체 둘레가 5km이다. 서와 남으로 이어지는 능선 위에 성벽이 뻗어 있고, 서남 골짜기를 둘러싸고 있다. 서쪽은 경사가 비교적 완만해서 성으로 올라갈 수 있는 유일한 길이다. 계곡은 깊게 파여 있고 양쪽을 감싸고 있는 능선은 높고 경사가 급해 적들이 올라붙기도 힘들 뿐더러 위에서 어떤 형태로든 방어할 수가 있었다. 동서 골짜기의 폭은 1km이다. 《삼국사기》 보장왕 4년조에는 "성의 사면은 절벽으로 되어 있고, 오로지 서문만이 가히 오를 수 있다(城四面懸絕 惟西門可上)."라고 기록하고 있다. 그러나 실제로는 남쪽으로도 오를 수가 있다.

비사성 정문. 중국에서는 대흑산산성이라고 부른다.

비사성 정문을 지나 산 정상으로 길게 이어진 복원한 성벽. 돌에 붙은 조가비가 눈길을 끈다.

비사성은 서문을 중심으로 좌우로 성벽이 뻗어 있으나 근래에 개축한 것이다. 서문 근처의 성벽은 그 양쪽에 경사를 이루고 있고, 남쪽 성벽은 완만한 기울기에 협축을 하였다. 성벽은 서문의 좌우로 연결되는데 왼쪽은 북쪽으로 조금 연결되다 없어지고, 오른쪽은 200m 정도 이어지다 벼랑에서 끊어진다.

석 성

석성은 장하현 성산진 사하촌 만덕둔(莊河縣 城山鎮(城山鄉) 沙河村 万德屯) 서북에 있다. 현성에서 40km 정도 서쪽으로 떨어져 있으며 해발 290m의 산군 속에 자리잡고 있다. 장하현지에는 "현성의 서쪽 90리에 있다. 남북으로 두 산이 마주보고 있는데, 가운데에 협하(狹河)가 있다. 남을 전성(前城), 북을 후성(後城)이라고 한다."고 되어 있다.

요동반도는 고구려의 내륙으로 진입하는 것을 저지하고, 압록강 하구

연개소문의 누이 동생 연개수영이 장수로 있었다는 전설을 지닌 석성 전경

를 보호하는 기능을 해야 한다. 공격 수군이 요동반도의 동남부 해안에 상륙하였을 경우에는 곧장 북상하다가 본계(本溪)·신보(新賓) 등을 거쳐 고구려의 내부, 즉 국내성 외곽의 주변 지역으로 진격할 수 있고, 역으로 서북진하면 요하전선의 안시성(安市城)·신성(新城) 등 전방 방어 성들을 후방에서 공격할 수 있다. 또한 압록강 하구를 공격할 수 있다. 때문에 이 지역에 방어 체제가 필요하다. 장하는 동서로 각각 요동반도의 끝에서 압록강 하구로 이어지는 길다란 해안선의 한 중간에 위치해 있으므로 서북과 동북의 중요한 방어성들과 연결되고 있다.

성문은 동남서에 모두 다섯 개 있다. 정문은 남문이다. 왼쪽에 계곡을 끼고 오른쪽에서 흘러 내려오는 능선을 막아 화강암으로 문을 쌓았다. 계곡을 막은 곳은 성벽의 수구문(水口門) 자리이다.

천단 기단 굽도리 양식의 아름다움

동벽 치(위)와 천단(아래). 연개수영이 성을 지휘했다는 비가 세워져 있다.

오고성

오고성은 와방점시(瓦房店市)에서 대왕(大王) 쪽으로 가다 성대진 곽둔(星臺鎭 郭屯)의 북에 있다. 평원 가운데 산에 있으며, 벽류하의 서안에 있다. 현재는 성 내부에 '청천사(淸泉寺)'라는 절이 있는데, 속칭 '오고성묘(吳姑城廟)'라고 한다. 한 나라 때에 쌓은 성이라 하고, 절 앞 돌비에는 '외패산성'이라고 쓰여 있고, 광개토 태왕이 거란을 정벌하고 돌아올 때 들른 북풍성(北豊城)으로 추정하는 경우도 있다. 흰 화강암을 장방형으로 가공하여 산줄기를 따라 쌓았다. 성 둘레는 총 5km이다. 성문은 원래가 네 개가 있었다. 성벽은 외벽이 최고 9.4m, 내벽이 1.2m, 폭은 3.29m까지 남아 있다. 정면에는 높이 7m 정도의 성벽이 일부는 거의 완벽하게 남아 있으며 최근에 복원했다.

거대한 오고성 적대

장산군도

　남쪽 바다에 장산군도가 있는데, 이 곳의 장해, 광록도 등의 섬 안에
도 고구려 산성이 있다. 장산군도는 장해(長海)가 있는 중심섬인 대장산
도와 소장산도, 동쪽의 석성도와 대왕가도(大王家島), 해양도 외에 여러
섬들로 이루어져 있다. 그런데 이 섬들을 중간에 두고 육지 쪽에는 리
(裏)장산 해협이 있고, 바깥쪽에는 외장산 해협이 있으며, 그 외 해에는
외장산 열도가 있다.

장산군도의 고구려 성. 조사가 이루어지면 많은 해안성들이 발굴될 것으로 보인다.

발해만 전경. 요철산 수로의 시작으로 풍요의 바다, 침략의 바다로서 영욕을 함께 하였다.

원조선의 강상·누상무덤

강상무덤은 바닷가 감정자구(甘井子區)의 후목성역(后牧城驛) 부근에 있다. 강돌, 바닷돌을 주워다 쌓은 적석총이다. 백수십 명분의 사람들 뼈와 6자루의 비파형 단검을 비롯하여 26개의 청동기 토기 등 거의 900여 점에 달하는 유물들이 나왔다.

원조선 이후에는 한인들과 북방인들이 서로 이 곳을 차지하면서 싸웠다. 공손씨(公孫氏)가 요동 지역을 장악하고 있었을 때 오늘날 남경 지역에 거점을 둔 손권의 오나라는 배로 중간의 위나라 지역을 통과해 교섭

강상·누상무덤 전경. 현재는 벽돌 담으로 보호막을 쌓았다.

성혈이 선명한 고인돌이 있다.

외방점 석붕산 고인돌. 현재까지 중국 내에서 가장 큰 고인돌로 알려져 있다.

을 맺었다. 광개토 태왕이 요동 지역을 완전히 장악한 이후부터 비로소 요동만 해양 방어 체제가 성립되었을 것이다. 동서남북 전방위 공략을 국가전략으로 채택하고 본격적인 수군작전을 실시한 대왕은 해양전략적인 판단에 의해 방어 체제들을 구축하였다.

요동 전체의 방어 체제와 유기적인 관련성을 맺고, 본격적으로 전체 방어전략의 입장에서 구축된 것은 수나라와의 전쟁에 돌입하기 이전부터였다. 특히 고 · 수전쟁은 동아 지중해의 국제대전으로서, 해양전적인 성격이 매우 강했다. 그 후에 고구려는 당나라의 침입에 대비하여 16년 간에 걸쳐 천리장성을 쌓았다. 이때 천리장성의 종점을 '…西南之海' [1] 혹은 '…西南屬之海' [2], '…東南之海' [3] 등이라고 기록하였다. 이것은 천리장성을 쌓은 중요한 목적 가운데 하나가 바로 해양 방어임을 알려 준다.

---

1) 《구당서》 권 199, 상 열전 고려
2) 《신당서》 권 220, 열전 고려
3) 《삼국사기》 권 20, 고구려 본기 영유왕 14년

천리장성과 만주 지역의 고구려 성 분포도

단산자산성 ▲ ● 길림 ▲ 용담산성
▲ 동단산성

눈강

송화강

부여성 ▲ 북산정자산성 ▲

길림성 ▲

요하 신성 ▲
흔하 심양 ● 무순 목저성 창암성 ▲
개모성 ▲ 소자하 ▲ 전수호산성 ▲
요중 ● 남소성 ▲ 신빈 흑구산성 ▲ 부이강 관마산성 ▲
마총둔산성 ▲ 석교가산성 ▲ 오녀산성 ▲ 패왕조산성 ▲ 환도산성 ▲
요양 요동성 ▲ 백암성 ▲ 환인 ● 망파령산성 ▲ 국내성
대능하 반금 ● 고려성 ▲ 태자하 강
안산 ● 록
고려성자 ▲ 해성 ● 오골성(봉황산성) ▲ 압
영구 ● 안시성 ▲
소자하 애하 박작성 ▲ 서안평성 ▲
수암 ● 구련성 ▲
건안성 ● 수암성(낭랑산성) ▲ 단동 ● 신의주
대행성
용담산성(득리사산성) ▲ 장하 ●
보란점 ▲ 벽류하 성산산성(오고성) ▲
외패산성 ▲

▲ 비사성(대흑산산성)
● 대련

111

<우리역사 지도>